Uma onda de mulheres pelo mar

A Wave of Women for the Sea

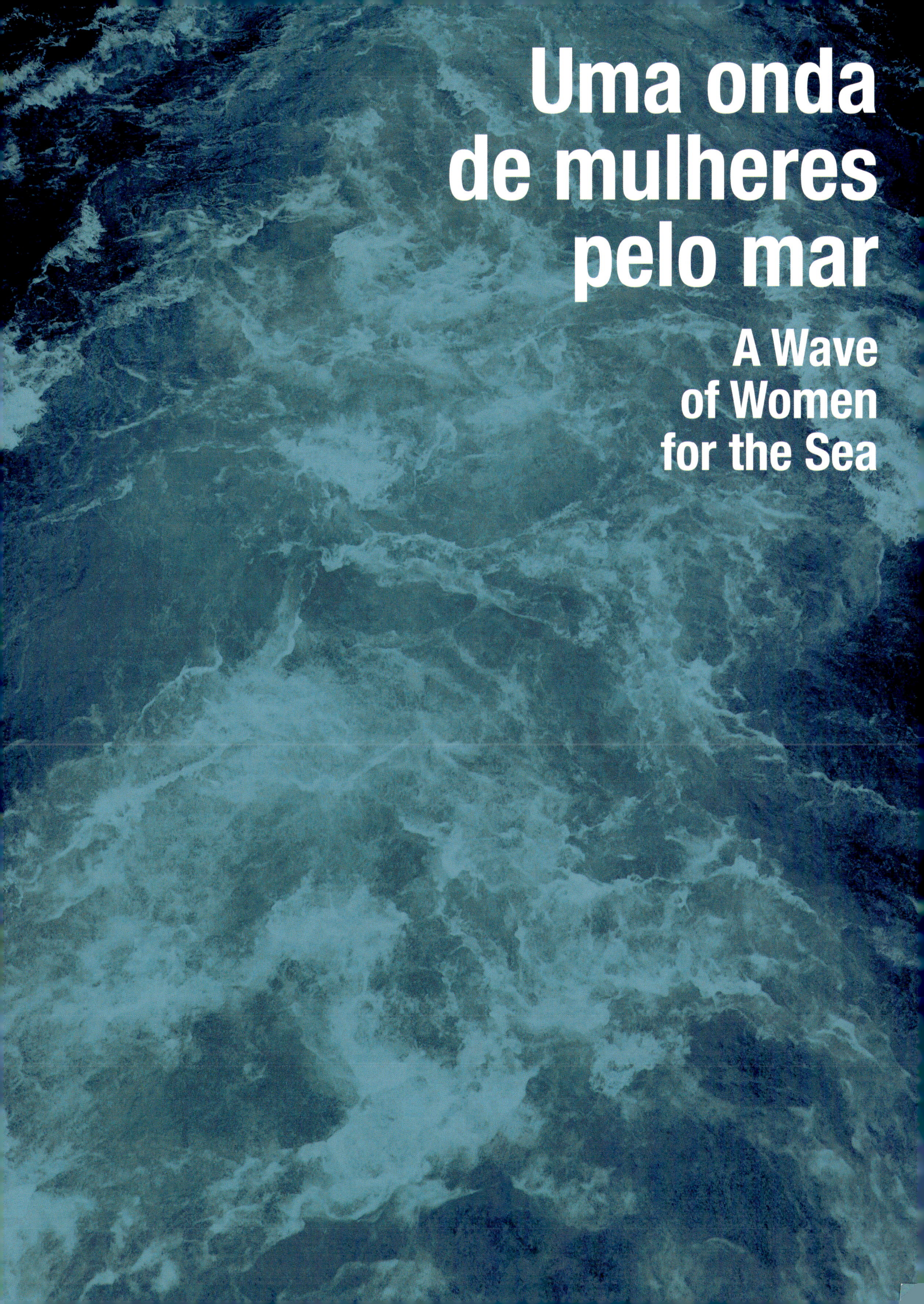

Uma onda de mulheres pelo mar

A Wave of Women for the Sea

Organização | Editors
Leandra Regina Gonçalves
Patricia Furtado de Mendonça

Entrevistas | Textos | Arte
Interviews | Texts | Art

Aline Gouveia
Ana Catarina
Ana Paula Balboni
Ana Paula Prates
Ana Vitória Tereza de Magalhães
Beatrice Padovani
Bia Figueiredo
Cristina Serra
Diulie Tavares
Elena Landinez
Estela Miazzi
Francyne Elias-Piera
Gabi Carrera
Gesiani Leite
Jana Menegassi del Favero
Júlia Dias Carneiro
Karine Portela Soares
Leandra Regina Gonçalves
Letícia Cotrim da Cunha
Lia de Itamaracá
Luciana Yokoyama Xavier
Maya Gabeira
Marcia Hirota
Maria Aparecida (Cida) Ferreira
Maria Nilza Tavares
Marly Lúcia da Silva Ferreira
Maria Emilia (Mia) Morete
Noeli Ribeiro
Nuala Costa
Patricia Furtado de Mendonça
Patricia Palumbo
Paulina Chamorro
Pilar Carolina Villar
Raíssa Telles
Raqueline Monteiro
Rosália (Luíza) Alves dos Santos
Tatiana Cardoso
Tatiana Neves
Yara Schaeffer-Novelli
Zaira Matheus
Zélia Brito

Década do Oceano 2021—2030

Andrea Jakobsson Estúdio

A Subsea7 se dedica a promover um ambiente inclusivo e diversificado onde todos possam prosperar. Temos a honra de apoiar o livro *Uma onda de mulheres pelo mar*.

Reconhecemos que a diversidade de pensamento, proveniente de origens e experiências variadas, é crucial para a criatividade, a resolução de problemas e a inovação. Esses elementos são fundamentais para a nossa visão de tornar possível o fornecimento global de energia *offshore* para hoje e amanhã.

Com este livro, a Subsea7 celebra as significativas contribuições das mulheres nos setores marítimo e *offshore* e visa inspirar a inclusão e a representação equilibrada em toda a indústria. Esta iniciativa está alinhada com nossos valores fundamentais e foco estratégico na diversidade, equidade e inclusão. Acreditamos que essas práticas não são apenas benéficas para os negócios, mas também são fundamentais para a promoção de uma sociedade mais justa e equitativa.

Subsea7 is dedicated to fostering an inclusive and diverse environment where everyone can thrive. We are honored to support the book *A Wave of Women for the Sea*.

We recognize that diversity of thought, stemming from varied backgrounds and experiences, is essential for creativity, problem-solving and innovation. These elements are critical to our vision of making possible the global delivery of offshore energy for today and tomorrow.

With this book, Subsea7 celebrates the significant contributions of women in the maritime and offshore sectors and aims to inspire inclusion and balanced representation across the industry. This initiative aligns with our core values and strategic focus on diversity, equity and inclusion. We believe that these practices are not only beneficial for business but also fundamental to promoting a more just and equitable society.

Yann Cottart
Vice-Presidente | Vice President
Subsea7 Brasil

Lei de Incentivo à Cultura
Lei Rouanet

subsea 7

MINISTÉRIO DA CULTURA
GOVERNO FEDERAL
BRASIL
UNIÃO E RECONSTRUÇÃO

Haenyeo – mulheres do mar – é um termo coreano que designa as mulheres mergulhadoras da ilha sul-coreana de Jeju. Hoje, símbolos turísticos e culturais da Coreia do Sul, no passado sustentavam suas famílias e representavam grande contribuição para a economia local.

A história da mulher e o mar é antiga e vasta, abrange o real e o imaginário, e se constrói dia a dia com o constante aprendizado da importância dos oceanos para todos nós.

Forte e essencial para vida – mensagens que definem as personagens principais deste livro: oceano e mulher. Histórias antigas e novas precisam ser contadas para que esse elo seja sempre reconhecido.

No Brasil, por toda a extensa linha costeira, as mulheres continuam a trabalhar e viver do mar. Mesmo que em silêncio, elas, nós, trabalhamos e perseveramos. Da pesca à engenharia, passando pela arte, o mar continua sendo um ecossistema vital, abundante, diverso, desafiador e inspirador.

É com muita satisfação que patrocinamos uma obra que se conecta com nossas ações sociais voltadas à diversidade e inclusão, tendo a liderança feminina como um dos temas prioritários na transição energética.

Ao navegar pelas palavras das autoras, a BW Energy reforça a importância de proteger e restaurar os oceanos, além de exaltar as discussões sobre a Década das Nações Unidas da Ciência Oceânica para o Desenvolvimento Sustentável.

Haenyeo – Women of the Sea – is a Korean term for the women divers of the South Korean island of Jeju. Now tourist and cultural symbols of South Korea, they once provided for their families and were the backbone of the local economy.

The story of women and the sea is ancient and vast; it encompasses the real and the imaginary and is constructed day by day as we constantly learn about the importance of the oceans for all of us.

Strong and essential to life – these messages define the main characters in this book: ocean and woman. Stories both old and new need to be told so that this link is always recognised.

In Brazil, all along the extensive coastline, women continue to work and live off the sea. Even in silence, they, we, work and persevere. From fishing to engineering to art, the sea remains a vital, abundant, diverse, challenging and inspiring ecosystem.

We are delighted to be sponsoring a project that connects with our social actions aimed at diversity and inclusion, with female leadership as one of the priority themes in the energy transition.

By navigating through the authors' words, BW Energy reinforces the importance of protecting and restoring the oceans, as well as highlighting the discussions on the United Nations Decade of Ocean Science for Sustainable Development.

Time de Sustentabilidade |
Sustainability Team
BW Energy Brasil

Lei de Incentivo à Cultura
Lei Rouanet
BW ENERGY
MINISTÉRIO DA CULTURA
GOVERNO FEDERAL
BRASIL
UNIÃO E RECONSTRUÇÃO

Sumário
Table of contents

Entrevistas

O OCEANO E AS MULHERES: NÃO É SÓ UMA QUESTÃO DE GÊNERO

LUCIANA YOKOYAMA XAVIER

Estamos em plena vigência da Década das Nações Unidas da Ciência Oceânica para o Desenvolvimento Sustentável. Além de promover a geração e disseminação de descobertas científicas, a Década do Oceano pretende redefinir o conhecimento de que precisamos para estabelecer relações mais harmônicas com o oceano. A proposta é construir um conhecimento plural, democrático e lastreado em princípios de diversidade, equidade e inclusão, contemplando diferentes perspectivas e saberes.

A questão de gênero é fundamental nesse contexto. Embora ainda sub-representadas nos setores da economia do oceano – em nível global, representam pouco mais de 35% da força de trabalho – em áreas de grande importância como pesca e turismo, mulheres são a maioria. Nas ciências do mar, somos mais de 50% a finalizar a graduação e a receber títulos de mestre e doutora. Apesar disso, mesmo nos setores onde predominamos, continuamos em minoria nas posições de poder e tomada de decisão, frequentemente ocupando cargos com menores salários e menos estabilidade. As barreiras para mudar essa situação incluem a falta de políticas públicas específicas, discriminação, progressão de carreira mais lenta e "conflitos" entre trabalho e família.

Mesmo enfrentando esses desafios, as mulheres desempenham papéis essenciais para a conservação marinha. Estudos científicos destacam o seu papel diferenciado na gestão de recursos naturais, adaptação a crises e resiliência comunitária. Equipes que incluem mulheres desenvolvem soluções mais inovadoras para problemas complexos: elas trazem perspectivas únicas, baseadas em interações diferenciadas dos ecossistemas e das relações sociais, essenciais para estratégias de gestão sustentável e mudanças de comportamento. Assim, incluir o conhecimento e a perspectiva das mulheres na gestão oceânica extrapola a justiça social e a discussão de gênero: é crucial para a sustentabilidade do planeta!

Na Cátedra Unesco para a Sustentabilidade do Oceano trabalhamos com um time de mulheres que nos inspiram a cada dia. Incluir um livro produzido por mulheres na Coleção Década do Oceano é, assim, uma forma de prestigiar esse time e de reforçar o papel da mulher na implementação da Década no Brasil. Como parte da coleção, esta publicação se destaca pela abordagem única. *Uma onda de mulheres pelo mar* celebra a diversidade de experiências e vozes de mulheres com diferentes tipos de relacionamento com o oceano, ampliando o entendimento sobre o que compõe o conhecimento que é necessário para a Década. Este volume explora uma variedade de vivências que enriquecem o potencial transformador do próprio conhecimento.

A diversidade de perspectivas e saberes é essencial para enfrentar as questões complexas que ameaçam nosso planeta. Este livro, portanto, ademais de celebrar as conquistas das mulheres do mar, chama-nos à ação para um futuro mais inclusivo e sustentável. Ao avançarmos, é crucial que mulheres e homens estejam lado a lado na linha de frente.

WOMEN AND THE OCEAN: NOT JUST A QUESTION OF GENDER

LUCIANA YOKOYAMA XAVIER

We are in the midst of the United Nations Decade of Ocean Science for Sustainable Development. As well as promoting the generation and dissemination of scientific discoveries, the Ocean Decade aims to redefine the knowledge we need to establish more harmonious relations with the ocean. The proposal is to build a plural, democratic understanding anchored in principles of diversity, equity and inclusion, taking into account different perspectives and knowledge bases.

The gender issue is fundamental in this context. Although still under-represented in the ocean economy – corresponding to just over 35% of the global workforce – in key areas such as fishing and tourism, women are in the majority. In the marine sciences, we women are more than 50% of those graduating and completing master's and doctorates. Nevertheless, even in the sectors we dominate, we remain in the minority in positions of power and decision-making, often occupying lower paid and less stable jobs. The barriers to changing this situation include the lack of specific public policies, discrimination, slower career progression and work-family 'conflicts'.

Despite facing such challenges, women play essential roles in marine conservation. Scientific studies highlight their distinctive role in natural resource management, crisis adaptation and community resilience. Teams that include women develop more innovative solutions to complex problems: they bring unique perspectives, based on exceptional interactions of ecosystems and social relationships, fundamental for sustainable management strategies and behaviour changes. Thus, the inclusion of women's knowledge and perspective in ocean management extends beyond social justice and the gender debate: it's crucial for the sustainability of the planet!

At the UNESCO Chair for Ocean Sustainability we work with a team of women who inspire us every day. Including a book produced by women in the Ocean Decade Collection is, therefore, a way of honouring this team and reinforcing the role played by women in implementing the Decade in Brazil. As part of the collection, this publication stands out for its unique approach. *A Wave of Women for the Sea* celebrates the diversity of experiences and voices of women with different types of relationship with the ocean, broadening our understanding of what constitutes the knowledge needed for the Decade. This volume explores a variety of experiences that enrich the transformative potential of knowledge itself.

Diversity of perspectives and knowledge is essential for tackling the complex issues that threaten our planet. This book, therefore, as well as celebrating the achievements of women of the sea, calls us to action for a more inclusive and sustainable future. As we move forward, it is crucial that women and men stand side-by-side on the front line.

Lei de Incentivo à Cultura Lei Rouanet
Cátedra UNESCO para a Sustentabilidade do Oceano
unesco Cátedra
MINISTÉRIO DA CULTURA
GOVERNO FEDERAL BRASIL UNIÃO E RECONSTRUÇÃO

MÚLTIPLOS OLHARES SOBRE O AZUL: SOB A PERSPECTIVA DELAS

LEANDRA REGINA GONÇALVES
PATRICIA FURTADO DE MENDONÇA

A crise em nosso oceano também nos leva a discutir o papel das mulheres nesse contexto, assim como sua relação direta com o mar, sobretudo porque as urgências climáticas multiplicam ameaças e exacerbam vulnerabilidades já existentes em nosso planeta, em especial, no Sul Global. E também no Brasil.

O oceano nos une e nos inspira. Nos conecta a tudo o que é vivo. Conecta a nossa sociedade global. Une povos, etnias, tradições, saberes e culturas. Também conecta as mulheres, e elas a seus modos de vida, à sua arte, sensibilidade, conhecimento e liderança. Houve um tempo em que sabíamos que tínhamos força, mas não a reconhecíamos. Tampouco éramos reconhecidas. O mar ainda é um ambiente muito masculino. Mas isso mudou, e ainda tem muito a mudar. Hoje estamos no mar e sabemos que temos voz. Também sabemos que, juntas, quando bradamos, somos ainda mais fortes.

Hoje, questões ligadas à Diversidade, Equidade e Inclusão (DEI) tornaram-se centrais em qualquer ambiente. E a luta das mulheres por "um lugar ao sol" não é menos urgente que a de outros grupos marginalizados e vulneráveis. Ainda há muito a ser conquistado, escrito e contado.

É notável que, em todo o mundo, meninas e mulheres estejam fazendo enormes contribuições para proteger o planeta e o oceano visando à sua regeneração e sustentabilidade: conduzindo pesquisas, criando campanhas, fazendo arte, elaborando políticas, escrevendo textos, candidatando-se a cargos legislativos, investindo em ações coletivas, buscando soluções para mitigar impactos e muito, muito mais.

Diante de tudo isso, a presente iniciativa foi idealizada por Leandra, que convidou Patricia para juntas organizarem uma publicação com o objetivo de ressaltar o papel e a relevância das mulheres e do olhar feminino sobre assuntos relacionados ao mar, dando voz a profissionais que têm se destacado ao dedicar suas vidas a proteger, restaurar e regenerar nosso oceano. E por acreditar que precisamos de um olhar transdisciplinar para favorecer uma maior transformação na forma como lidamos com o mar, trouxemos para este livro cientistas, artistas, professoras, ativistas, jornalistas, ambientalistas, esportistas, líderes comunitárias, empreendedoras, indígenas e marisqueiras. Identificando-se ou não com essas categorias, são todas "mulheres do mar" que atuam em campos diferentes e possuem formações e habilidades distintas – a pluralidade de pontos de vista, além de se revelar complementar, nos ajuda a ampliar a visão e enxergar para além do horizonte conhecido.

Elas deram entrevistas ou escreveram textos breves e inspiradores nos quais nos contam sobre sua relação pessoal e profissional com o mar, falam de suas vivências, experiências e emoções. Cada uma a seu modo, segundo sua natureza e temperamento.

Sem dúvida, o potencial das "mulheres do mar" vai muito além destas páginas, destas mulheres e do contexto brasileiro. Sabemos que esta pequena amostra não cobre, nem de longe, todos os temas que gostaríamos de abordar e que deveriam ser compartilhados. Não cobre todas as "mulheres do mar" que conhecemos e admiramos, que gostaríamos de ter convidado para fazer esta jornada conosco. Um oceano vasto demais para uma embarcação pequena, mas necessária. Preparem-se: esta é apenas a primeira de nossas muitas viagens pelo imenso oceano!

Esperamos que cada "mulher do mar" que leia este livro se sinta representada por essas histórias. Esperamos também que essas janelas abertas possam inspirar e convidar mais meninas e mulheres a se engajarem na transformação de que precisamos para o futuro do nosso oceano, nas mais diferentes áreas de pesquisa ou mobilização. E que o futuro que desejamos seja ainda mais repleto de "mulheres do mar".

O oceano e o planeta sobrevivem a nós. Somos nós que corremos o risco de não sobrevivermos a nós mesmas.

"DÉCADA DO OCEANO DA ONU" E CULTURA OCEÂNICA

Lançada em 2021, a Década das Nações Unidas da Ciência Oceânica para o Desenvolvimento Sustentável aposta na ciência para a construção de um futuro sustentável, tanto que visa produzir "a ciência de que precisamos para o oceano que queremos". Também chamada de Década do Oceano da ONU, é coordenada pela Comissão Oceanográfica Intergovernamental (COI) da Unesco e um de seus "resultados esperados", o número 7, é "um oceano que inspira e engaja".

Nós acreditamos que seja necessário sensibilizar, conscientizar e informar para levar as pessoas à ação, ao engajamento. Por isso, estamos divulgando histórias inspiradoras com as quais todas as mulheres possam se identificar, inclusive emocionalmente, indo além da "página ambiental" *stricto sensu*. A "cultura oceânica", por sua vez, nos convida a refletir sobre "como o oceano nos influencia e como nós influenciamos o oceano", difundindo conhecimento científico, estimulando o compartilhamento de saberes tradicionais e, ao mesmo tempo, fornecendo ferramentas para um verdadeiro engajamento de todos os setores da sociedade. A arte, a educação informal e outros meios de comunicação inovadores e criativos têm ganhado cada vez mais espaço diante dos desafios de traduzir a ciência de forma inclusiva, considerando os mais variados públicos, incluindo o cidadão comum.

É nesse contexto internacional de uma década para mergulharmos nesse oceano profundo que nossa publicação se insere, mas com foco no Brasil. E nas mulheres. Por isso, aqui, juntamos esses dois universos geradores da vida: o oceano e a mulher. Este livro é um produto duplamente endossado pela Década do Oceano da ONU: integra o projeto Women in Blue – Weblue, que promove o empoderamento das mulheres e a igualdade de gênero na ciência, na pesca e na política, e o programa Ocean Literacy With All – OLWA, que desenvolve competências e promove mudanças de comportamento para que a sociedade adquira mais conhecimentos sobre o oceano em prol de sua sustentabilidade.

Lei de Incentivo à Cultura
Lei Rouanet

2021 2030 Década das Nações Unidas da Ciência Oceânica para o Desenvolvimento Sustentável

MINISTÉRIO DA CULTURA
GOVERNO FEDERAL BRASIL UNIÃO E RECONSTRUÇÃO

MULTIPLE VIEWS ON BLUE: FROM WOMEN'S PERSPECTIVES

LEANDRA REGINA GONÇALVES
PATRICIA FURTADO DE MENDONÇA

The ocean unites us and inspires us. It connects us to everything that is alive. It connects our global society. It unites peoples, ethnicities, traditions, knowledges and cultures. It also connects women to each other and to their ways of life, to their art, sensitivity, understanding and leadership. Once upon a time we knew we had strength, but we didn't recognise it. Nor were we recognised. The sea is still a very masculine environment. But that has changed, and there's still a lot more to change. Today we are at sea and we know we have a voice. We also know that together, when we shout, we are even stronger.

Nowadays, issues related to Diversity, Equity and Inclusion (DEI) have become central to any environment. And women's struggle for 'a place in the sun' is no less urgent than that of other marginalised and vulnerable groups. There is still much to be achieved, written about and told.

The crisis in our ocean also leads us to discuss the role of women in this context, as well as their direct relationship with the sea, especially as the climate emergencies are multiplying threats and exacerbating vulnerabilities that already exist on our planet, particularly in the Global South. And in Brazil too.

It is remarkable that, all over the world, girls and women are making huge contributions to protecting the planet and the ocean, focusing on its regeneration and sustainability: conducting research, creating campaigns, making art, drafting policies, writing texts, running for legislative positions, investing in collective actions, seeking solutions to mitigate impacts, and much, much more.

Given these reasons, this initiative was conceived by Leandra Regina Gonçalves, who invited Patricia Furtado de Mendonça to join her in the organization of this publication, with the aim of highlighting the role and relevance of women and the female perspective on issues related to the sea, giving voice to professionals who have risen to prominence by dedicating their lives to protecting, restoring and regenerating our ocean. And because we believe that we need a transdisciplinary approach to favour a greater transformation of the way in which we manage the sea, we have brought together women scientists, artists, teachers, activists, journalists, environmentalists, athletes, community leaders, entrepreneurs, members of indigenous communities and shellfish gatherers for this book. Whether we identify with these categories or not, they are all 'women of the sea' who work in different fields and have different backgrounds and skills: the various points of view not only prove to be complementary, but also help us to broaden our vision and see beyond the known horizon.

These women have given interviews or written short, inspiring accounts in which they tell us about their personal and professional relationship with the sea, their experiences and emotions. Each in their own way, according to their nature and temperament.

The potential of the 'women of the sea' undoubtedly extends far beyond these pages, these women and the Brazilian context. We understand that this small sample doesn't even remotely cover all the topics we'd like to address and which should be shared. It doesn't cover all the 'women of the sea' we know and admire, whom we would have liked to invite on this journey with us. An ocean too vast for a small but necessary vessel. Get ready: this is just the first of our many journeys across the immense ocean!

We hope that every 'woman of the sea' who reads this book will feel represented by these stories. We also hope that these open windows can inspire and invite more girls and women to get involved in the transformation we need for the future of our ocean, in a wide variety of areas of research or action. And may the future we wish for be filled with even more 'women of the sea'.

The ocean and the planet survive us. We are the ones who run the risk of not surviving ourselves.

'THE UN DECADE OF THE OCEAN' AND OCEAN LITERACY

Launched in 2021, the United Nations Decade of Ocean Science for Sustainable Development is committed to science for building a sustainable future, so much so that it aims to produce 'the science we need for the ocean we want'. Also known as the UN Decade of the Ocean, it is coordinated by UNESCO's Intergovernmental Oceanographic Commission (IOC) and one of its intended outcomes, number 7, is 'an inspiring and engaging ocean'.

We believe that it is necessary to sensitise, raise awareness and inform in order to get people to take action, to engage. That's why we're publicising inspirational stories to which all women can relate, on an emotional level too, going beyond the 'environmental page' in its strictest sense. 'Ocean literacy,' meanwhile, invites us to reflect on 'how the ocean influences us and how we influence the ocean,' disseminating scientific knowledge, encouraging the sharing of traditional knowledge and, at the same time, providing tools for genuine engagement of all sectors of society. Art, informal education and other innovative and creative means of communication are gaining ground in the face of the challenges of translating science in an inclusive way, taking into account the most varied audiences, including ordinary citizens.

It is against this international backdrop of a decade for diving into this deep ocean that our publication is set, but focussing on Brazil. And on women. Thus, we've brought together these two universes that generate life: the ocean and the woman. This book carries the dual endorsement of the UN Decade of the Ocean – it is part of the Women in Blue (WEBLUE) project, which promotes women's empowerment and gender equality in science, fisheries and politics – and of the Ocean Literacy with All (OLWA) programme, which develops skills and promotes behavioural changes for society to acquire more knowledge about the ocean to benefit its sustainability.

Lei de Incentivo à Cultura
Lei Rouanet
2021 2030 United Nations Decade of Ocean Science for Sustainable Development
MINISTÉRIO DA CULTURA
GOVERNO FEDERAL BRASIL UNIÃO E RECONSTRUÇÃO

O MAR PRA QUEM SABE AMAR

PATRICIA PALUMBO
JORNALISTA, RADIALISTA, *PODCASTER*, MARINHEIRA E CAIÇARA

"O mar é de quem o sabe amar". Ouvi essa frase pela primeira vez na voz de Leila Diniz. É um dos versos de um poema que escreveu e que virou parceria com Milton Nascimento. Ela dizia: "Brigam Espanha e Holanda pelos direitos do mar, brigam Espanha e Holanda porque não sabem que o mar é de quem o sabe amar". Foi marcante. Hoje essa frase virou cultura pop e estampa *posters* e camisetas. Acho bom. Toda boa palavra que se espalha faz bem.

Aprendi muito cedo a nadar. Minha mãe, caiçara, professora que alfabetizou muitos pescadores e pescadoras, dizia que a gente precisava ler, andar de bicicleta e nadar. Depois, podia se soltar no mundo. Ia de bicicleta pra praia, na garupa dela. E as amigas faziam o mesmo. A praia era nosso quintal. Pegar siri antes da trovoada, catar "bibigão" [berbigão] no manguezal da Baía do Araçá, remar na canoinha que o avô da Cecília fez. E o mar sempre ali. Cecília Nobre é minha amiga de infância, filha de caiçaras como eu e hoje uma ferrenha lutadora pela conservação dessa parte primordial do nosso lugar, o mangue que fica atrás do imenso porto de São Sebastião, que só cresce trazendo desconforto para quem mora perto.

Minha mãe, dona Neide, é contadora de causos caiçaras. Aprendeu enquanto ensinava e vivia nas comunidades isoladas da costa sul da nossa cidade, nas décadas de 1960 e 1970. Dois exemplos de mulheres que entendem que cuidar da tradição e do ambiente é fundamental para nossa sobrevivência.

Menina ainda aprendi a velejar. Tinha 12 anos quando o Tebar Praia Clube criou uma flotilha de Optimist e eu me lancei nessa deliciosa aventura. A lição de manter o barco no rumo sem brigar com as correntes e usar o vento a seu favor é mais uma que eu levo para a vida toda. No trabalho, nos relacionamentos amorosos, em tudo.

Fui estudar em São Paulo aos 16 anos. Morria de saudades do mar, mas encontrei o cinema, o teatro, outras imensidões. Depois que a minha filha Gabriela nasceu, achei que seria bom dar para ela esse privilégio da primeira infância pisando na areia da praia. Voltei para a beira-mar, criei o programa de rádio Baleia Azul, cujo bordão era "Todas as ondas do mar nas ondas do seu rádio".

Trouxe para os ouvintes da cidade o barulho que fazem os atobás e as fragatas do arquipélago de Alcatrazes na hora do "comedio" (termo usado pela gente do mar para se referir ao frenesi alimentar das aves). Contei do mergulho do cachalote, dos saltos das arraias, da importância dos ninhais costeiros e das rotas dos cetáceos. Levava um gravador com fita cassete para as saídas de barco, para as caminhadas na mata, gravava tudo e mostrava no programa.

Minha ideia, ainda lá nos anos 1990, era mostrar que o surfista, o mergulhador e o turista que vai tomar sol na praia poderiam ser agentes transformadores. Quem conhece, ama e cuida. Tinha contato direto com biólogos e levava pelo rádio o conhecimento científico traduzido em palavras fáceis de entender, sempre com boa música. A vinheta de abertura do Baleia Azul era o canto da jubarte mixado com um *reggae* de Alpha Blondy. A beleza aproxima e a mensagem segue adiante.

Com o Baleia Azul, cobri a Rio-92 direto de um orelhão. Para quem não viveu essa época, deve parecer muito bizarro. Usava fichas de telefone e soltava no bocal as gravações que tinha feito. Um amigo querido, o fotógrafo Zé Valpereiro, ficava no estúdio liberando música com os LPs [discos de vinil] e recebendo minhas ligações ao vivo. Tive a oportunidade de gravar a voz de Jacques Cousteau e mandar para meus ouvintes no Litoral Norte de São Paulo. Foi uma linda experiência, estávamos cheios de esperança no futuro. Eu me sentia afinada com toda aquela gente que acreditava no ser humano como parte do planeta. Pena que os compromissos que assumimos lá não foram fortes o suficiente e o que era então um alerta é hoje nossa difícil realidade.

Mas, voltando ao tempo bom, eu falava nos campeonatos de surfe da importância da preservação do oceano enquanto colocava música boa para a turma dançar e era muito divertido. No final dos anos 1990 voltei para São Paulo para ser repórter de meio ambiente de uma rádio grande e levei tudo comigo. Na Eldorado FM, fui repórter, apresentadora e programadora. Fiz uma expedição pela costa brasileira num veleiro maravilhoso usando um telefone via satélite para mandar os boletins. Velejei num saveiro clássico na baía de Todos os Santos e naveguei pelo rio Paraguassu em direção ao Recôncavo contando a história dos antigos engenhos. Muitos anos se passaram, mas nada tira de mim o que Gilberto Gil chama de régua e compasso. Para ele é a Bahia, para mim é São Sebastião: minha janela com vista para o vento leste que entra pelo canal onde sigo navegando.

Como jornalista, me aproximei mais da música e criei o Vozes do Brasil em 1998, um programa de rádio, três livros e muitos projetos ligados à canção brasileira. Na pandemia, criei o *podcast* Peixe Voador, que foi uma maneira de sair do isolamento, da angústia e do medo que estava vivendo. Achei que poderia compartilhar minhas ferramentas pessoais com quem quisesse me ouvir. Nesse programa, uso o mar como pauta e inspiração para ler poesia, falar de meditação e desses ensinamentos todos que guardo da minha infância caiçara. O nome Peixe Voador veio do meu amor por esse peixinho que mergulha e voa e que é uma espécie de amuleto para mim. Foi também o nome de um Hobie 14, um pequeno catamarã parceiro de muitos voos por esse canal. E tem dado certo. Sigo com ele no ar e não é raro ouvir das pessoas que encontro que o Peixe Voador foi uma espécie de salvação. De novo, a beleza por meio da palavra fazendo seu trabalho.

Olhar para o mar e não entender sua importância é ser cego, surdo e mudo. O mar não é só a delícia de se refrescar num dia de verão, assim como não é só tormenta. O mar é o que faz do planeta um lugar só, sem fronteiras políticas e geográficas. E é o grande rei das metáforas. Pense em Camões, na *Ilíada*, de Homero; no "Movimento dos Barcos", de Capinam e Jards Macalé. Em Leila Diniz. O mar ensina, alimenta e cura. Como não amar?

THE SEA FOR THOSE WHO KNOW HOW TO LOVE

PATRICIA PALUMBO
JOURNALIST, BROADCASTER, PODCASTER, SAILOR AND *CAIÇARA*[1]

'The sea belongs to those who know how to love it.' The first time I heard this phrase it was in the voice of Leila Diniz. It's one of the verses from a poem she wrote that was then used in a collaboration with Milton Nascimento. She said: 'Spain and Holland fight over the rights to the sea, Spain and Holland fight because they don't realise that the sea belongs to those who know how to love it.' It was remarkable. Nowadays this phrase has become part of pop culture and is printed on posters and T-shirts. Too right. Every good word that spreads does good.

I learnt to swim very young. My mother was *caiçara* and a teacher, and she taught lots of fishermen and women how to read. She used to say that we all need to learn to read, ride a bike and swim. After that you can go out into the world. I used to go to the beach on the back of her bicycle. And our friends did the same. The beach was our backyard. Catching crab before the thunderstorm, collecting 'cookies' [cockles] in the mangroves of Araçá Bay, paddling in the canoe that Cecília's grandfather made. And the sea always there. Cecília Nobre is a childhood friend of mine, who, like me, is also the daughter of *caiçaras*, and is now a fierce champion for the conservation of this primordial part of our territory, the mangrove that lies behind the huge port of São Sebastião, which just grows and grows, to the alarm of the locals.

My mother, Neide, is a *caiçara* storyteller. She learnt while teaching and living in the isolated communities on the south coast of our city in the 1960s and 1970s. These are two examples of women who understand how taking care of tradition and the environment is fundamental to our own survival.

I learnt to sail when I was still a child. I was 12 years old when the Tebar Praia Clube put together a flotilla of Optimists and I embarked on this wonderful adventure. How to keep your boat on course by using the wind in your favour and without fighting the currents is another lesson I'll take with me for the rest of my life. At work, in relationships, in everything.

I went to study in São Paulo when I was 16. I missed the sea, but I found the cinema, the theatre, other vast expanses. After my daughter Gabriela was born, I thought it would be a good idea to give her the privilege of an early childhood treading on a sandy beach. I went back to the seaside and created the radio show Baleia Azul [Blue Whale], which carried the catchphrase 'All the ocean waves on your radio waves.'

It brought to listeners from the city the sounds of the brown boobies and frigatebirds at the Alcatrazes archipelago during the 'comedio' – a term used by seafarers to refer to the feeding frenzy of sea birds. I told them about sperm whales diving, rays leaping out of the water, the importance of coastal nests and whale migration routes. I would take a tape recorder with me on boat trips and walks in the woods, recording everything and broadcasting it on the show.

1. The word *caiçara*, of Tupi origin, refers to the inhabitants of coastal areas and their way of living.

My idea, back in the 1990s, was to show that the surfers, divers and tourists who sunbathed on the beach could be agents of change. Those who know it, love and care for it. I had direct contact with biologists and used the radio to bring scientific knowledge translated into easily understandable words, always with good music. The opening vignette of Baleia Azul was the song of the humpback mixed with a reggae song by Alpha Blondy. Beauty brings you closer and the message is carried forward.

With Baleia Azul, I covered the Earth Summit in Rio in 1992 direct from a payphone. This must sound really strange if that was before your time. I used payphone tokens and played the recordings I had made into the mouthpiece. A dear friend, photographer Zé Valpereiro, sat in the studio licensing music from LP (longplayer records) and taking my calls live. I had the chance to record Jacques Cousteau's voice and send it out to my listeners on the north coast of São Paulo. It was a beautiful experience; we were full of hope for the future. I felt in tune with all those people who believed in the human being as part of the planet. It's a pity that the commitments we made there weren't strong enough and what was then a wake-up call is now our harsh reality.

But back in the good old days, I used to talk at surf competitions about the importance of preserving the ocean while putting on good music for the crowd to dance to, and it was so much fun. In the late 1990s I returned to São Paulo to be an environmental reporter for a major radio station and I took all that with me. At Eldorado FM, I was a reporter, presenter and programmer. I went on an expedition along the Brazilian coast on a beautiful sailboat, using a satellite phone to send out the bulletins. I sailed a classic sloop on the Todos os Santos Bay and navigated the Paraguassu River towards the Recôncavo (in Bahia), telling the story of the old mills. Many years have passed, but nothing can take away from me what Gilberto Gil would call ruler and compass. For him it's Bahia, for me it's São Sebastião: my window looks out to the easterly wind that comes up through the channel where I sail.

As a journalist, I became more involved with music and created Vozes do Brasil [Voices from Brazil] in 1998, a radio show, three books and several projects linked to Brazilian music. During the pandemic, I created the Peixe Voador [Flying Fish] podcast, a way of escaping the isolation, anguish and fear I was experiencing. I thought I could share personal tools I have picked up with anyone who wanted to listen. In the show, I use the sea as the running theme and inspiration for reading poetry, talking about meditation and sharing all those lessons I've held on to from my *caiçara* childhood. The name Flying Fish came from my love of this little fish that dives and flies and is a kind of amulet for me. It was also the name of a Hobie 14, a small catamaran, which took me on many flights down that channel. And it has worked out. I have kept the show going, and I am often told by people I meet that it was a kind of salvation for them. Once again, beauty through words doing its job.

To look out at the sea and not understand its importance is to be blind, deaf and dumb. The sea isn't simply refreshing cool waters on a summer's day, just as it's not simply stormy, rough waters. The sea is what makes the planet a single place, with no political and geographical borders. And it's the great king of metaphors. Think of Camões, Homer's *Iliad*; the 'Movimento dos Barcos' by Capinam and Jards Macalé. Think of Leila Diniz. The sea teaches, nourishes and heals. What is there not to love?

APRENDENDO A COLHER JOIAS QUE VÊM DO MAR

ALINE GOUVEIA
EMPREENDEDORA, ARTESÃ E COORDENADORA DO SEREIAS DA PENHA

Agradeço todos os dias ao mar, e por poder transformar o que ele nos dá com minhas próprias mãos: o peixe, que preparo com muito carinho como cozinheira que sou; e as escamas, que eu aprendi a transformar em arte como a artesã que me tornei.

Moro na Praia da Penha, em João Pessoa, Paraíba. Quando me sento para trabalhar, coloco as escamas de peixe sobre a mesa, olho para o mar e peço inspiração. Ela sempre vem.

Sou uma das Sereias da Penha. Nosso grupo, hoje, tem sete mulheres. Fazemos colares, pulseiras, buquês de noivas, bolsas e peças de decoração, tudo com escamas de peixe. Somos donas de casa, pescadoras e esposas de pescadores, nessa comunidade de cerca de 350 famílias com forte tradição pesqueira. Usamos escamas de pescados como camurupim, pescada-amarela, cioba, tilápia, e transformamos em arte uma matéria-prima que antes era descartada.

O beneficiamento das escamas é um processo simples e artesanal, que consiste em lavá-las e deixá-las de molho ao longo de cinco dias, sempre trocando a água e o sabão. Ao fim do processo, elas parecem uma madrepérola, sem qualquer cheiro. Para obter outras cores, tingimos com ingredientes naturais como açafrão-da-terra, café ou chá de casca de cebola, que dá um tom castanho avermelhado.

A escama é uma fibra resistente, que não se danifica com facilidade. Hoje, 1 quilo de escama beneficiada custa cerca de R$ 150,00 na Paraíba. Antes, esse material ia para o lixo.

Essa jornada começou em 2014, com uma oficina de artesanato e aproveitamento do pescado que reuniu mais de 40 mulheres, promovida pela Prefeitura de João Pessoa, o Sebrae e o Instituto Federal da Paraíba (IFPB). As artesãs que se identificaram mais com as atividades formaram o grupo.

Nessa época, eu cuidava do restaurante que tenho na Praia da Penha, o Muxima – que significa "coração" em um dialeto angolano. Quando eu levava turistas para o Santuário Nossa Senhora da Penha, no alto do morro ao lado da praia, eu passava pelo ateliê e ficava admirando o trabalho das Sereias. "Um dia, eu ainda vou ficar com essas mulheres", eu pensava. Durante a pandemia de Covid-19, a loja do projeto fechou e muitas artesãs foram desistindo. A produção parou e o grupo estava prestes a se desfazer. Resolvi que não ia permitir. Comprei material para mais peças e trouxe o ateliê para dentro do Muxima. E me juntei a elas. Deixei o restaurante aos cuidados das minhas cinco filhas para viver do que mais gosto.

As primeiras Sereias faziam acessórios com fios de aço, mas com o tempo o material oxidava. Até que o estilista Ronaldo Fraga chegou e deu uma guinada no projeto. Ele sugeriu o fio de cobre, que não oxida, e desenhou acessórios e peças de roupas delicadas que as artesãs bordaram com escamas e conchas. Ronaldo levou as peças para o São Paulo Fashion Week, em 2016, e chamou o desfile de A Fúria da Sereia. Foi um sucesso. O nome Sereias da Penha surgiu nas trocas com ele. Ele nos trouxe muita experiência, mas depois disse que tínhamos que andar com as nossas próprias pernas (ou caudas!).

Hoje, somos independentes. Usamos fios de cobre, de algodão e náuticos, e reaproveitamos redes de pesca para fazer as biojoias. Nosso design é de mulheres simples, pescadoras, marisqueiras, donas de casa. Antigamente, muitas ficavam esperando os maridos voltar da pesca sem ter nada para comer. Agora não é mais assim. As artesãs têm a arte nas mãos, e passaram a ter sua própria renda. Dá muito orgulho saber que podemos criar peças que deslumbram as pessoas e enchem os olhos dos turistas.

Não trabalhamos mais apenas com artesanato e peças de decoração. Estamos formando multiplicadoras, e levando nossos ensinamentos para outras mulheres. Ensinei nossas técnicas para marisqueiras na Praia da Baleia, em Fortaleza, e no município de Bayeux, ao lado de João Pessoa. Fiquei muito impactada por esse trabalho. As conchas que sobram dos mariscos são descartadas e assoreiam os rios, um grave problema ambiental, mas podem ser usadas para fazer peças belíssimas. Ensinei as marisqueiras a fazerem luminárias, flores, a decorarem espelhos com as conchas. É um trabalho de conscientização ambiental, mostrando que, em vez de poluir, elas podem gerar arte e renda. As próximas oficinas serão em Salvador, na Bahia, e no Médio Juruá, no Amazonas, para 170 mulheres de uma comunidade extrativista.

Hoje somos poucas mulheres, mas temos esperança, e estamos olhando para a frente. Para o mar, que é nosso horizonte e nossa razão de ser. O mar é vida, é beleza infinita. É a divindade de Iemanjá, a dona das águas. Olho para o mar e penso como as coisas de Deus são maravilhosas. Porque ele nos dá a nossa matéria-prima, e nos permite criar, reciclar e dar sobrevida às dádivas que nos traz. E encantar, como as sereias.

LEARNING TO HARVEST THE JEWELS THAT COME FROM THE SEA

ALINE GOUVEIA
ENTREPRENEUR, ARTISAN AND COORDINATOR OF SEREIAS DA PENHA

Every day I thank the sea and am thankful for being able to transform what it gives us with my own hands: the fish, which I prepare with great care, as the cook that I am; and the scales, which I have learnt to turn into art, as the artisan that I have become.

I live in Praia da Penha, in João Pessoa, Paraíba. When I sit down to work, I lay the fish scales on the table, look at the sea and ask for inspiration. It always comes.

I'm one of the Sereias da Penha [Mermaids from Penha]. Today, our group is formed by seven women. We make necklaces, bracelets, bridal bouquets, bags and decorative pieces, all from fish scales. We are housewives, fisherwomen and fishermen's wives in this community of around 350 families with a strong fishing tradition. We use the scales of fish such as Atlantic tarpon, yellow hake, mutton snapper, tilapia, and turn a raw material that used to be discarded into art.

Processing the scales is a simple, artisanal process that consists of washing them and leaving them to soak for five days, regularly changing the water and soap. At the end of the process, they look like mother-of-pearl, without any odour. To acquire other colours, we dye with natural ingredients such as turmeric, coffee or onion peel tea, which gives them a reddish-brown tone. The scale is a tough fibre that isn't easily damaged. Today, one kilo of processed scale costs around R$150.00 in Paraíba. Before, this material would go to waste.

This journey began in 2014 with a workshop on fish-based handicrafts and uses that gathered more than 40 women, promoted by the João Pessoa city hall, Sebrae and the Federal Institute of Paraíba (IFPB). The craftswomen who identified most with the activities formed the group.

At the time, I was running the restaurant I own in Praia da Penha, Muxima – which means 'heart' in an Angolan dialect.

When I took tourists to the Nossa Senhora da Penha Sanctuary, at the top of the hill next to the beach, I would pass by the atelier and admire the work of the Sereias. 'I'll still join these women one day,' I thought to myself. During the Covid-19 pandemic, the project shop closed and several artisans started to pack it in. Production stopped and the group was on the verge of breaking up. I decided I wouldn't let that happen. I bought material for more pieces and brought the atelier into Muxima. And I joined them. I left the restaurant in the care of my five daughters to do what I love best.

The first Sereias made accessories from steel wire, but over time the material rusted. Until fashion designer Ronaldo Fraga arrived and turned the project around. He suggested copper wire, which doesn't rust, and designed delicate accessories and garments that the craftswomen embroidered with scales and shells. Fraga took the pieces to the São Paulo Fashion Week in 2016 and called the show The Mermaid's Fury. It was a success. The name Sereias da Penha was suggested in exchanges with him. He brought us a lot of experience, but then said we had to stand on our own two feet (or tails!).

And now we are independent. We use copper wire, cotton and polypropylene thread, and we recycle fishing nets to make the bio-jewellery. Our design is by simple women, fisherwomen, shellfish gatherers, housewives. In the past, many women would wait for their husbands to return from fishing without having anything to eat. Not anymore. The craftswomen hold art in their hands and have started to earn their own income. It gives me great pride to know that we can create pieces that marvel people and delight tourists.

We no longer only work with handicrafts and decorative items. We are training teacher multipliers and taking our teachings to other women. I taught our techniques to shellfish gatherers in Praia da Baleia, in Fortaleza, and in the municipality of Bayeux, next to João Pessoa. I was really struck by this work. The left-over shells from shellfish gathering are discarded and pollute rivers, a serious environmental problem, but they can be used to make beautiful pieces. I taught the shellfish gatherers how to make lampshades, flowers and decorate mirrors with the shells. This is work to raise environmental awareness, showing that instead of polluting, they can generate art and income. The next workshops will take place in Salvador, Bahia, and in Médio Juruá, Amazonas, for 170 women from an extractivist community.

Today we are only a few women, but we have hope and are looking ahead. To the sea, which is our horizon and reason for being. The sea is life, infinite beauty. She is the divine Yemanjá, mistress of the waters. I look at the sea and think how wonderful God's creations are. Because he gives us our raw material and allows us to create, recycle and give life to the gifts he brings us. And enchant, like mermaids.

MANGUEZAL: CONHECER PARA CONSERVAR

YARA SCHAEFFER-NOVELLI
PROFESSORA SÊNIOR EM OCEANOGRAFIA, PESQUISADORA DE MANGUEZAIS E SUAS COMUNIDADES

Foi o título do capítulo que chamou sua atenção ou você está lendo o conteúdo do livro pela ordem de apresentação? Não importa como você chegou ao manguezal. Como tudo na vida é uma questão de espaço e tempo, todos os caminhos e experiências nos guiam a novas vivências. Então, vou começar pelas minhas experiências de vida, como alguém que acredita que tudo está conectado.

Passei minha infância e juventude no Rio de Janeiro, ainda Distrito Federal, quando tínhamos a Baía de Guanabara e as ilhas com águas limpas, livres dos depósitos de combustíveis. Meus pais eram aficionados pela vida ao ar livre, melhor ainda se fosse em um barco a vela. As viagens de férias eram pelo interior de Minas Gerais. A Gruta de Maquiné, em Cordisburgo, tem muita importância na minha história. Os estudos do naturalista dinamarquês Peter Wilhelm Lund, em 1834, resultaram na descoberta de ossadas humanas e de fósseis de animais extintos, entre esplêndidas estalagmites e estalactites. O objetivo de estudar engenharia de minas foi substituído pelo curso de história natural na Universidade do Brasil (atual Universidade Federal do Rio de Janeiro).

Na faculdade, quantas revelações e descobertas! Botânica, zoologia, paleontologia, geologia. Dali, segui para o curso internacional da Unesco sobre oceanografia, a bordo do navio oceanográfico *Almirante Saldanha*, da Marinha do Brasil. Fiquei embarcada por 45 dias! Mais descobertas e daquela vez todas sobre o mar! Na volta, em menos de um mês estava na Universidade de São Paulo (USP) assistindo à primeira aula da pós-graduação em Oceanografia, no dia 14 de março de 1966. Muita coisa em pouco tempo? Não! A vida é breve, precisa ser vivida intensamente.

Mestrado em oceanografia, com ecologia de animal de fundo! Por obra de Netuno ou de Iemanjá, foi aberto concurso para a carreira de oceanógrafo. Em 1970: novo tempo e espaço na minha vida. Fixei raízes nas terras de Piratininga. Mais tarde, doutorado em zoologia no Instituto de Biociências. Logo após defender o doutorado, participei do III Simpósio Latino-Americano sobre Oceanografia Biológica, em El Salvador. O ponto de destaque no evento foi a problemática de pescadores e marisqueiras devido à transformação de manguezais em fazendas para cultivo de camarão marinho em cativeiro. Eita, finalmente chegando ao manguezal! De volta ao Brasil, fazer o levantamento bibliográfico sobre os manguezais brasileiros e conhecer a metodologia de trabalho para caracterização do ecossistema manguezal.

Senhoras e Senhores, com vocês o Manguezal!

No Brasil, temos manguezais do Oiapoque, no Amapá, até Laguna, em Santa Catarina. Trata-se de um ecossistema costeiro, encontrado na faixa onde as marés sobem e descem diariamente. É característico das zonas intertropicais e não gosta de temperaturas baixas nem de invernos rigorosos. As árvores típicas, chamadas de mangue, crescem bem nas águas doces, mas somente ganham seus espaços em relação às outras quando na presença de águas salobras ou salgadas. Elas são vivíparas! Seus frutos se desenvolvem na própria árvore-mãe, transformando-se em embriões (propágulos) prontos para seguir seus caminhos flutuando até encontrar águas calmas e gerar uma nova árvore de mangue.

Associados estão os animais: invertebrados (ostras, caranguejos) e vertebrados, como aves (guará, colhereiro), peixes (baiacu, robalo), répteis (cobras), anfíbios (pererecas) e mamíferos (guaxinim, macaco-prego), sem esquecer dos mosquitos! Toda essa fauna constitui a cadeia alimentar que o homem também integra. Formar recursos humanos faz parte da base da conservação. Precisamos conhecer para conservar. Para estudar o ecossistema manguezal foi criada a disciplina "O ambiente biológico dos manguezais", em nível de pós-graduação, ministrada no Instituto Oceanográfico da Universidade de São Paulo (Iousp).

Viajei pelos sete mares conhecendo gentes e saberes sobre os manguezais: Brasil, Caribe, Golfo da Califórnia, Golfo do México, Golfo Pérsico, Havaí, Japão, Américas Central e do Sul, Pacífico, Índia. Nesse meio-tempo, fiz a livre-docência, em 1991. Quantas milhas navegadas, quantas horas estudando, outras tantas lecionando, além da minha filha! As atividades de campo são momentos de aprendizado com alunos e agregados que a gente encontra pelo caminho. Muitos "propágulos" se formaram ao longo desses anos, mestres, doutores e, principalmente, amigos sensibilizados pela causa! Para conhecer os manguezais basta ter amor no coração, uma vez que a beleza dessa floresta à beira-mar está nos olhos de quem a vê.

MANGROVES: KNOW THEM TO CONSERVE THEM

YARA SCHAEFFER-NOVELLI
SENIOR LECTURER
IN OCEANOGRAPHY,
RESEARCHER ON
MANGROVES AND THEIR
COMMUNITIES

Was it the title of the chapter that caught your eye or are you reading through the book from start to finish? It doesn't matter how you reached the mangrove. As everything in life is a question of space and time, all paths and experiences lead us to new experiences. So I'll begin with my life experiences, as someone who believes that everything is connected.

I spent my childhood and youth in Rio de Janeiro, then still the Federal District, when the waters of the Guanabara Bay and the islands were clean and free of fuel deposits. My parents loved the outdoors, even more so if that meant being on a sailing boat. Holiday trips were to the interior of Minas Gerais. The Maquiné cave in Cordisburgo played an important part in my story. Danish naturalist Peter Wilhelm Lund's studies in 1834 resulted in the discovery of human bones and fossils of extinct animals, among splendid stalagmites and stalactites. The aim of studying mining engineering was replaced by a course in natural history at the University of Brazil (now the Federal University of Rio de Janeiro).

University brought me so many revelations and discoveries! Botany, zoology, palaeontology, geology. From there, I went on to the UNESCO international course on oceanography, aboard the Brazilian Navy's oceanographic research vessel *Almirante Saldanha*. I stayed on board for 45 days! More discoveries and this time all about the sea! Upon my return, I was at the University of São Paulo (USP) within a month, attending my first postgraduate lecture in Oceanography on 14 March 1966. Was it too much in too little time? No! Life is short, and should be lived intensely.

A master's degree in oceanography, with deep-sea animal ecology! By the hand of Neptune or Yemanjá, a public sector recruitment examination was launched for the career of oceanographer. 1970: A new time and space in my life. I put down roots in the lands of Piratininga. Later, I took a PhD in zoology at the Institute of Biosciences. Soon after defending my thesis, I took part in the III Latin American Symposium on Biological Oceanography in El Salvador. The highlight of the event was tackling the issues faced by fishermen and shellfish gatherers due to the transformation of mangroves into shrimp farms. Wow, finally getting to the mangrove! Back in Brazil, a literature review on Brazilian mangroves and learning about the methodology used for characterising the mangrove ecosystem.

Ladies and gentlemen, please give a warm welcome to the Mangrove!

In Brazil, we have mangroves from Oiapoque in Amapá to Laguna in Santa Catarina. This coastal ecosystem is found in the area where the tides rise and fall daily. It is characteristic of the tropics and does not flourish in low temperatures or harsh winters. Mangrove trees thrive in fresh waters, but only gain ground at the expense of others in the presence of brackish or salty waters. They are viviparous! Their fruit develops on the mother tree itself, morphing into embryos (propagules) ready to float along until they find calm waters and generate a new mangrove tree.

Several animals are associated with them, including invertebrates (oysters, crabs) and vertebrates such as birds (scarlet ibis, spoonbill), fish (puffer fish, sea bass), reptiles (snakes), amphibians (tree frogs) and mammals (raccoon, capuchin monkey), not to mention the mosquitoes! All this fauna makes up the food chain that also includes humans. Training human resources is a foundational part of conservation. We must get to know them to conserve them. For studying the mangrove ecosystem, a postgraduate-level subject was created called 'The biological environment of mangroves,' which was taught at the University of São Paulo Oceanographic Institute (IOUSP).

I have travelled the seven seas meeting people and learning about mangroves: Brazil, the Caribbean, the Gulf of California, the Gulf of Mexico, the Persian Gulf, Hawaii, Japan, Central and South America, the Pacific, India. In the meantime, I did my readership in 1991. I have travelled so many miles, spent so many hours studying, so many hours teaching, as well as having my daughter! Field work brings moments of learning with students and associates we meet along the way. Numerous 'propagules' have formed over the years, masters, doctors and, above all, friends touched by the cause! To get to know the mangroves, you need nothing more than love in your heart, because the beauty of this seaside forest lies in the eye of the beholder.

O MAR, AS ONDAS GIGANTES E O APRENDIZADO DA RESILIÊNCIA

MAYA GABEIRA
CAMPEÃ MUNDIAL DE SURFE EM ONDAS GIGANTES, CAMPEÃ PARA O OCEANO E A JUVENTUDE DA UNESCO, INTEGRANTE DO CONSELHO DIRETOR DA OCEANA, ESCRITORA E ATIVISTA

O mar é resiliente, um lugar com energia incrivelmente forte, muito vivo, e que me ensina sobre essa resiliência. Na terra, às vezes, há uma tendência à acomodação. Uma qualidade que vejo no mar é que dentro dele é preciso estar sempre alerta. É um lugar em constante movimento e que demanda atenção permanente. Esperar a ondulação que se forma no meio do mar e que vem bater na costa, que forma aquela onda, com sua energia e com sua dinâmica. Cada onda é surfada só por uma pessoa.

Minha história com o mar começou quando ainda era criança. Primeiro, me apaixonei pelo mar e depois pelo surfe. Tenho uma lembrança muito forte das férias com meus pais em Angra dos Reis e de uma viagem a Fernando de Noronha. Lá, com nove ou dez anos, eu fiz o meu batismo submarino. Vi tubarão, arraia, incontáveis peixes, golfinhos. Estar em contato com a vida marinha foi realmente impactante. A paixão pelo mar foi uma combinação de beleza e fascínio, com a sensação da água salgada e da adrenalina.

De alguma maneira, encontrei uma forma de continuar com esses encontros ao escolher o surfe como profissão. O surfe entrou na minha vida por vários motivos. Eu sofri com a asma na infância e o surfe foi ótimo para a minha saúde. Era uma forma de enfrentamento porque era desconfortável para uma asmática, e que me ajudou em algo bastante sensível que precisava ser trabalhado, o meu pulmão.

Aos 13 anos, fiquei amiga de um grupo de meninos surfistas da escola e comecei a namorar um deles. Isso me deu a possibilidade de entrar nesse mundo e ver de perto o que era o esporte. Eles passavam o dia inteiro no mar. O surfe é uma paixão enorme. Quem pratica ama. Foi uma comunhão porque essa paixão já existia dentro da Maya pequena. Achei um esporte que veio com algo que eu já amava: o mar.

O surfe mudou a minha vida e a minha rotina. Passei a acordar bem cedo, estava sempre ligada na previsão das ondas para saber quando e onde eu poderia surfar. No surfe, não dá para treinar sempre na mesma praia. E eu precisava me virar para chegar aos lugares: de ônibus, de carona, do jeito que fosse. Eu só não podia perder o treino. Foi uma alteração completa de vida, que foi ficando mais intensa e mais madura.

De todos os mares onde já surfei, o que mais me impressiona são as ondas gigantes de Nazaré, em Portugal. A geografia, a forma como a ondulação bate, como quebra, tudo é incrível. A água escura e fria quebrando nas rochas também é o mar. Mas existem diversos outros mares. Na Polinésia Francesa tudo é cheio de vida, com peixes, tubarões, as águas cristalinas e quentes. No México, a imensidão verde. São tantos mares distintos e tantas coisas diferentes que se consegue ver no mar. Essa é a beleza dele. Pratico mergulho livre e já fui a 43 metros de profundidade nas Ilhas Cayman, no Caribe. Mas ainda quero viajar mais. Sou muito feliz no mar.

Depois do acidente que sofri em Nazaré, em 2013, passei por um momento de bastante medo, mas que não abalou minha relação com o mar. Não era medo do mar. Era medo de Nazaré e de onda grande. Era um mundo que eu acabara de conhecer. Tive que reconstruir a harmonia que tinha se quebrado com Nazaré e consegui isso estando na água, com constância, dia após dia, com momentos de frustração, paciência e quatro anos de trabalho duro.

Em 2018, eu estava pronta para voltar às ondas gigantes e em 2020 peguei a maior onda que uma surfista já surfou e que foi também a maior surfada naquela temporada por homens e mulheres. Foi mais uma lição de resiliência. Lembro que eu estava na adrenalina, quando vi que aquela seria uma bela onda. Tenho na memória a velocidade e o barulho e lembro de pensar que eu não podia cair ali. Eu tinha que sobreviver. Quando cheguei lá embaixo, tive bastante medo de ser levada. A massa d'água batendo na base e explodindo foi o maior barulho que já escutei numa onda. Mas deu tudo certo e o reconhecimento foi muito especial.

Como cidadã do mundo e frequentadora dos mares, eu vejo a degradação dos oceanos. A poluição plástica é perfeitamente visível, assim como a poluição deixada pelas redes de pesca. Há locais com menos peixes e o aquecimento das águas oceânicas está causando o branqueamento de corais. Dá para ver e sentir. Eu já estava envolvida com esses assuntos quando recebi da Unesco o título de Campeã para o Oceano e a Juventude. E eu já trazia a bagagem de participar do conselho diretor da Oceana, uma ONG focada em conservação dos oceanos. Quero cada vez mais trazer minha voz para o debate sobre possíveis soluções para os problemas que os mares estão enfrentando. As pessoas olham para o mar e pensam que ele é infinito. Não é bem assim. É preciso agir e com urgência.

THE SEA, BIG WAVES AND LEARNING RESILIENCE

MAYA GABEIRA
WORLD CHAMPION IN BIG WAVE SURFING, UNESCO CHAMPION FOR THE OCEAN AND YOUTH, MEMBER OF THE BOARD OF DIRECTORS OF OCEANA, WRITER AND ACTIVIST

The sea is resilient, a place with incredibly strong energy, so alive, and it teaches me about that resilience. On land, we sometimes tend to become too comfortable. I think one quality about being at sea is that you have to be alert all the time. It's a place in constant movement, that requires uninterrupted attention. Waiting for the swell that rises in the middle of the sea and hits the coast, forming that wave with its energy and dynamics. Each wave is surfed by just one person.

My history with the sea began when I was still a child. First, I fell in love with the sea and then with surfing. I have very vivid memories of holidays with my parents in Angra dos Reis and a trip to Fernando de Noronha. I made my underwater debut there, aged nine or ten. I saw sharks, rays, countless fish and dolphins. Being in contact with marine life had a huge impact on me. My passion for the sea was a combination of beauty and fascination, with the sensation of the salt water and the adrenaline.

Somehow, I found a way to keep having these encounters by choosing surfing as my profession. Surfing came into my life for various reasons. I suffered from asthma as a child and surfing was great for my health. It was a method of tackling the problem because it was uncomfortable for an asthmatic, and it helped me with a rather susceptible part of me that was in need of exercise: my lungs.

When I was 13, I became friends with a group of surfer boys at school and started dating one of them. It gave me the chance to enter this world and see at close quarters what sport was all about. They spent the whole day at sea. Surfing is a massive passion. Anyone who surfs loves it. It was a communion because this passion was already there inside little Maya. I had found a sport that came with something I already loved: the sea.

Surfing changed my life and my routine. I started to wake up very early and was always tuned into the surf forecast to find out when and where I could surf. In surfing, you can't always train at the same beach. And I had to find a way to get to places: by bus, hitchhiking, whatever. I just couldn't miss training. It was a complete life change, which became more intense and more mature.

Of all the seas where I've surfed, the most amazing one for me is Nazaré, in Portugal, and its giant waves. The geography, the way the swell hits, the way it breaks, everything is incredible. The dark, cold water breaking on the rocks is also the sea. But there are various other seas. In French Polynesia, it's all full of life, with fish, sharks, and the water is crystalline and warm. In Mexico, a vast green expanse. There are so many different seas and so many different things you can see in them. That's the beauty of it. I'm a free diver and have dived 43 metres deep in the Cayman Islands, in the Caribbean. But I still want to travel more. I'm very happy at sea.

After the accident I suffered in Nazaré in 2013, I was really afraid for some time, but it didn't shake my relationship with the sea. I wasn't afraid of the sea. I was afraid of Nazaré and big waves. It was a world I had only just discovered. I had to rebuild my harmony with Nazaré that had been broken and I managed to do that by being on the water, constantly, day after day, with moments of frustration, patience and four years of hard work.

In 2018, I was ready to return to the big waves and in 2020 I caught the biggest wave a female surfer had ever surfed, which was also the biggest surfed that season by either men or women. It was another lesson in resilience. I remember the adrenaline rush when I realised what a beautiful wave was coming. I remember the speed and the noise and I remember thinking that I couldn't let myself fall there. I had to survive. When I got down to the bottom, I was really scared of going under. The mass of water hitting the base and exploding was the loudest noise I've ever heard in a wave. But it all worked out and the recognition was very special.

As a citizen of the world and a sea-goer, I can see ocean degradation. Plastic pollution is there in plain sight, as is the pollution left by fishing nets. There are places with fewer fish and the warming ocean waters is causing coral bleaching. You can see and feel it. I was already involved in these issues when UNESCO granted me the title of Champion for the Ocean and Youth. And I already had the experience of being on the board of Oceana, an NGO focussed on ocean conservation. I want to bring my voice more and more to the debate on possible solutions to the problems faced by the seas. People look at the sea and think it's infinite. That's not quite the case. Action is needed, and urgently.

E.L.

A FORÇA PARA SOBREVIVER EXTRAÍDA DO MANGUEZAL

MARIA NILZA TAVARES
MARISQUEIRA E MORADORA DO QUILOMBO DE MASSARANDUPIÓ (BAHIA)

Eu vim de família pobre, pobre, pobre, pobre, "de marré, marré, marré deci". Minha mãe criou os filhos na casa de farinha, mexendo farinha dos outros. Com cinco anos, eu já estava fazendo artesanato, uns chapéus, uns bocapiús [bolsa de palha]. Nunca tive escola. Ela morreu cedo de uma doença braba que eu não gosto nem de dizer o nome.

Minha vida foi só sofrimento. Eu paria os filhos e não tinha resguardo. Ia mexer farinha e carregava os filhos junto. Às vezes, não dava pra levar. Eu deixava entregue na mão de Deus. Eu morava com mais uma pessoa, mas por obra do destino ele morreu. Eu criei seis filhos. Tempo duro, minha filha...

E daí por diante foi tirar caranguejo de buraco no mangue, mariscar de rede, pescar de jereré [tipo de rede] nas lagoas. Eu pegava aratu, siri, lambreta [espécie de molusco]. A gente vendia os pratos de siri, por cinco reais, quer dizer, por cinco contos porque naquele tempo ainda era conto. Pra pegar o caranguejo, eu trabalhava deitada na lama. Primeiro, eu me ajoelhava e metia a mão no buraco pra pegar o caranguejo. Se o caranguejo "tivesse" no fundo, tinha que me deitar até a lama vir pro pé do ouvido, pra poder alcançar com os dedos e ir pelejando, pelejando. A gente ia ajeitando até trazer. Não usava nada pra proteger, era na mão mesmo. A mão já era calejada.

Às vezes o que eu ganhava não dava nem pra eu comer. Eu chegava na vasilha do sal, molhava a mão e botava na ponta da língua, bebia água e dormia. No outro dia, botava a rede nas costas e mariscava pra pegar alguma coisa, um siri, um peixinho, pra dar comida aos filhos. A minha vida foi essa. Eu nunca tive dinheiro, nunca fui pessoa de condição, a minha vida foi fraquinha mesmo. Lutei, trabalhei, fazia beiju e pé de moleque pra vender no porto. Era trabalhando e criando filho.

Na mariscagem a gente sempre tem a parceria, tem uma amiga. "V'ambora, amiga, no rio? V'ambora tirar um caranguejo, v'ambora mariscar." Aí a gente saía de duas. A minha parceria era Luísa. No tempo do inverno, era mais difícil. Nós não tínhamos o que dar pros nossos filhos. A gente se mandava pro mangue pra pegar caramujo. No inverno dá muito, na gaiteira [espécie de vegetação] do mangue. Aí a gente ia buscar caramujo, chegava em casa, cortava o fundinho dele, lavava com limão, escaldava. Aí, ralava o coco, botava no leite do coco e fazia um prato de farofa ou pirão pra cada menino. Mas era assim: se comesse meio-dia, não comia de noite. Se comesse de noite, não comia ao meio-dia. Então, a gente comia uma vez por 24 horas.

Eu mariscava na maré. A maré é quando o salgado entra no rio. Pois o salgado entra na boca da barra [do rio]. Quando a maré entrava, a gente mariscava nos regos [de água]. A gente aproveitava a maré alta, pra ir mariscando o rego afora. Ali a gente pegava siri, carapitanga, que é um peixinho vermelho, e tainha. São peixinhos miúdos. Não era nada de fartura, não. Só dava mesmo pra comer. Quando a gente não achava nada no rio, a gente ia pras lagoas. Pegar camarão, pegar traíra na lagoa dos outros. Os que diziam que eram donos tomaram conta das lagoas no Sauípe. A gente ia meia-noite. Os galos cocorocóóó e a gente mariscando. A gente pegava um balde de 20 litros cheio. De manhã, a gente ia trabalhar, arrancar mandioca. Pegava uma enxadeta [tipo de enxada], um carro de mão, e ia arrancar a mandioca na roça dos outros.

Trabalhar no mangue é pior que no roçado. Ali você se cansa, se quebra. Quando tirava caranguejo era bom. Mas tinha maré que era ruim, ruim, ruim que você não achava nada. Naquela época, caranguejo era nada. Era pra cozinhar, fazer um pirão, botar duas pimentas raladas e comer com seus filhos, beber água e esperar a providência divina. Hoje, não. Quem come caranguejo hoje é quem é bonito de bolso. A vida foi muito dura pra mim. Não tive moleza, não.

Fui eu que tirei meu registro. Antigamente, a mãe paria, mas não sabia a data em que filho nascia. Eu não sei o dia em que eu nasci. Quando fui fazer o registro, calculei mais ou menos que eu devia ter uns 30 anos. Hoje, eu "tô" com 60. E o meu aniversário é 10 de janeiro porque eu escolhi essa data. Eu sou nativa de Sauípe, município de Mata de São João, e hoje vivo no quilombo [de Massarandupió] porque Luísa veio pra cá. A gente já era amiga de muitos e muitos anos e era parceira de mariscagem. Aqui é um lugar muito bom. Tem um rio maravilhoso, de água fria, um gosto mesmo. É um lugar de paz, um paraíso.

Graças a Deus, hoje sou aposentada. O pouquinho que a gente ganha dá pra comprar o pão de cada dia e os meus filhos já estão criados. Quando eram pequenos, botei tudo na escola. Não aprenderam a ler e escrever os que não quiseram. Mas eu botei na escola. A vida da gente foi assim. Graças a Deus, nunca me prostituí. Nunca peguei nada de ninguém. Nunca me misturei com coisa ruim. O que eu aprendi foi o mundo que ensinou. Que eu me criei no mundo sem pai, sem mãe, sem ninguém. Eu e Deus.

THE STRENGTH TO SURVIVE WHEN EXTRACTED FROM THE MANGROVES

MARIA NILZA TAVARES
SHELLFISH GATHERER
AND RESIDENT OF THE
MASSARANDUPIÓ (BAHIA)
QUILOMBO

I came from a poor family, really, really poor, as poor as they come! My mother brought her children up in the flour mill, stirring flour for other people. At the age of five, I was already making handicrafts, hats, *bocapiús* [straw bags]. I never went to school. She died young of a nasty illness that I don't even like to say the name of.

My life has been nothing but suffering. I gave birth to my children and had no recovery period. I'd go to work in the flour mill and take my children with me. Sometimes I couldn't take them. So I left them in God's hands. I lived with someone else, but as fate would have it, he died. I raised six children. They were tough times...

From then on, pulling crabs from holes in the mangroves, shellfish gathering with nets, fishing with a *jereré* net in the lagoons. I would catch mangrove and siri crabs and *lambreta* [a type of mollusc]. We would sell the dishes filled with siri crabs for five *reais*, that is, for *five contos*, because back then we still used *contos*. To catch crabs, I'd lay down in the mud. First, I'd kneel down and put my hand in the hole to grab the crab. If there were a crab at the bottom, I had to lie down until the mud came up to my ear, so that I could reach it with my fingers and keep struggling and struggling to grab it. I'd keep jostling until I could bring it out. I didn't wear any protection, just my bare hands. My hand was all rough and hard.

Sometimes my earnings weren't even enough for me to eat. I'd go to the salt bowl, wet my hand and put it on the tip of my tongue, drink some water and go to sleep. The next day, I'd strap the net to my back and fish for anything, a crab, a little fish, just to feed my children. That was my life. I've never had any money, I've never been a person of means, my life has been very frail. I battled, I worked, I made *beiju* [*tapioca* crepes] and *pé de moleque* [peanut brittle] to sell at the harbour. I was just working and raising my children.

When we go shellfish gathering we always have a partner, a friend. 'Let's go to the river, buddy? Let's go and catch some crab, get some shellfish.' And we'd go out in pairs. My partner was Luísa. It was harder in the winter. We had nothing to give our children. We would go to the mangroves to catch snails. You get a lot of them in winter, in the mangrove *gaiteira* [type of vegetation). So we'd go and catch snails, come home, cut off their bottoms, wash them with lemon and scald them. Then grate some coconut, put it in coconut milk and made up a plate of *farofa* or *pirão* broth for each kid. But if you ate at noon, you wouldn't eat at night. If you ate at night, you wouldn't eat at noon. So we ate once every 24 hours.

I shellfished in the high tide. The high tide is when the salt water comes into the river. The salt water enters at the mouth of the bar [of the river]. When the tide came in, we'd gather shellfish in the side streams. We'd take advantage of the high tide to shellfish in the streams. There we'd catch crab, *carapitanga*, which is a little red fish, and grey mullet. They're small fish too. We never caught a massive amount. Just enough to eat. When we found nothing in the river, we went to the lagoons. To catch prawns, or *traíra* in other people's lagoons. Those who claimed to be the owners took over the lagoons in Sauípe.

We would go out at midnight. The roosters cock-a-doodle-doing and us shellfish gathering. We'd fill a 20-litre bucket. When morning broke, we'd go to work, digging out cassava. We'd take a hoe, a wheelbarrow, and go off to dig out cassava from other people's fields.

Working in the mangroves is worse than in the fields. It's so tiring, it breaks you. When you caught crabs, it was good. But there were tides that were so, so bad and you wouldn't find anything. Back then, crab was worth nothing. They were just for cooking, making a *pirão* broth, add two grated chillies and eat it with your children, drink water and wait for divine providence. Not anymore. Those who eat crab today are loaded. Life has been very hard for me. I've never had it easy, not at all.

I registered my own birth. In the past, mothers gave birth and didn't know what date their child was born. I don't know my date of birth. When I went to make the registration, I worked out that I must have been about 30 years old. So today, I 'am' 60. And my birthday is 10 January because I chose that date. I'm a native of Sauípe, in the municipality of Mata de São João, and today I live in the *quilombo* (hidden settlement for people who escaped from slavery) because Luísa came here. We had been friends for many, many years and we were shellfish gathering partners. This is a very good place. There's a beautiful river with cold water, a real treat. It's a peaceful place, a paradise.

Thank God I'm retired today. The little we earn is enough to buy our daily bread and my children are grown up now. When they were little, I sent them all to school. Any who didn't learn to read and write was because they didn't want to. But I put them in school. That's how our life was. Thank God I never prostituted myself. I've never taken anything from anyone. I've never got involved with anything wrong. The world taught me everything I have learnt. Because I was brought up in the world with no father, with no mother, with no-one. Just me and God.

A ARTE COMO TRADUÇÃO DO IMENSO MAR INTERIOR

ESTELA MIAZZI
Artista plástica

o mar é minha sensação favorita no mundo.
som.
cheiro.
movimento.
desconhecido.
temperaturas.
contradições.
encontros.
pertencimento.
tempestade.
calmaria.
céu.
tudo imenso, tudo maior, bem maior q'eu.

nossa sociedade tem a mania de controle, de achar grandeza em fazer e ter de tudo. gosto da sensação de pequenez, de ter controle de nada e só ser. escutar. sentir. no mar tenho sensação de pertencimento. como s'eu fosse parte integrante e integrada, corpo que boia n'água e escuta o som de dentro. que é também o primeiro som que a gente escuta no útero.

me chamo Estela e acredito que existe um mar dentro de cada um de nós. mas pode chamar de outra coisa também... eu chamo de mar. aquilo que faz nos reconhecermos n'outro. que nos faz sentir parte de um todo, acolhidos, reconhecidos, mas que também nos faz únicos, particulares. eu gosto do meu mar. de olhar pra dentro e nomear minhas contradições, meus transbordamentos, meus lugares tempestades, meus lugares profundos, desconhecidos, desconfortáveis... meus lugares imensos. nem sempre calmaria, nem sempre turbulentos. existem violências internas que só o mar pode acolher e dizer, tá tudo bem, daqui a pouco vira movimento.

eu cresci longe do mar. e foi quando inventei baleias que me percebi tão perto dele. acho que essa é minha profissão: inventar jeitos de estar perto do mar. pra fazer com que você também se sinta perto dele. sinta som. cheiro. movimento. molhado. quente. vento. frio. chuva. tempestade. céu. tudo imenso, tudo maior, bem maior q'eu e que você... fazendo com que a gente se sinta imenso, pertencente e integrado.

é através da aquarela que traduzo esses sentimentos e emoções. me formei em artes visuais em 2012 e, como sempre fui curiosa, ou talvez gulosa de mundo, sempre quis traduzir o encontro entre mim e o outro; o que nos faz ser tão únicos e particulares, mas ao mesmo tempo tão universais e similares. o jeito de pensar, de vestir, de sentir medo, de sair de casa e se perguntar se desligou o gás do fogão, se trancou mesmo a porta... antes, eu utilizava a escrita e o desenho para traduzir o mundo, mas em 2013 m'encontrei mar e a aquarela foi o material que permitiu ser transparente, invisível, silenciosa e ao mesmo tempo vibrante, intensa e azul. eu não sou uma aquarelista, a aquarela tradicional tem muitas regras e eu a considero muito racional; minha aquarela é da natureza da emoção, eu permito que água e pigmentos se encontrem e formem diálogos, danças e silêncios próprios, eu só proporciono esse encontro na esperança que você sinta a minha sensação favorita no mundo.

som.
cheiro.
movimento.
desconhecido.
temperaturas.
contradições
encontros.
pertencimento.
tempestade.
calmaria.
céu.
tudo imenso, tudo maior, bem maior
que a gente.

TUDO BEM, ÀS VEZES
A GENTE TRANSBORDA

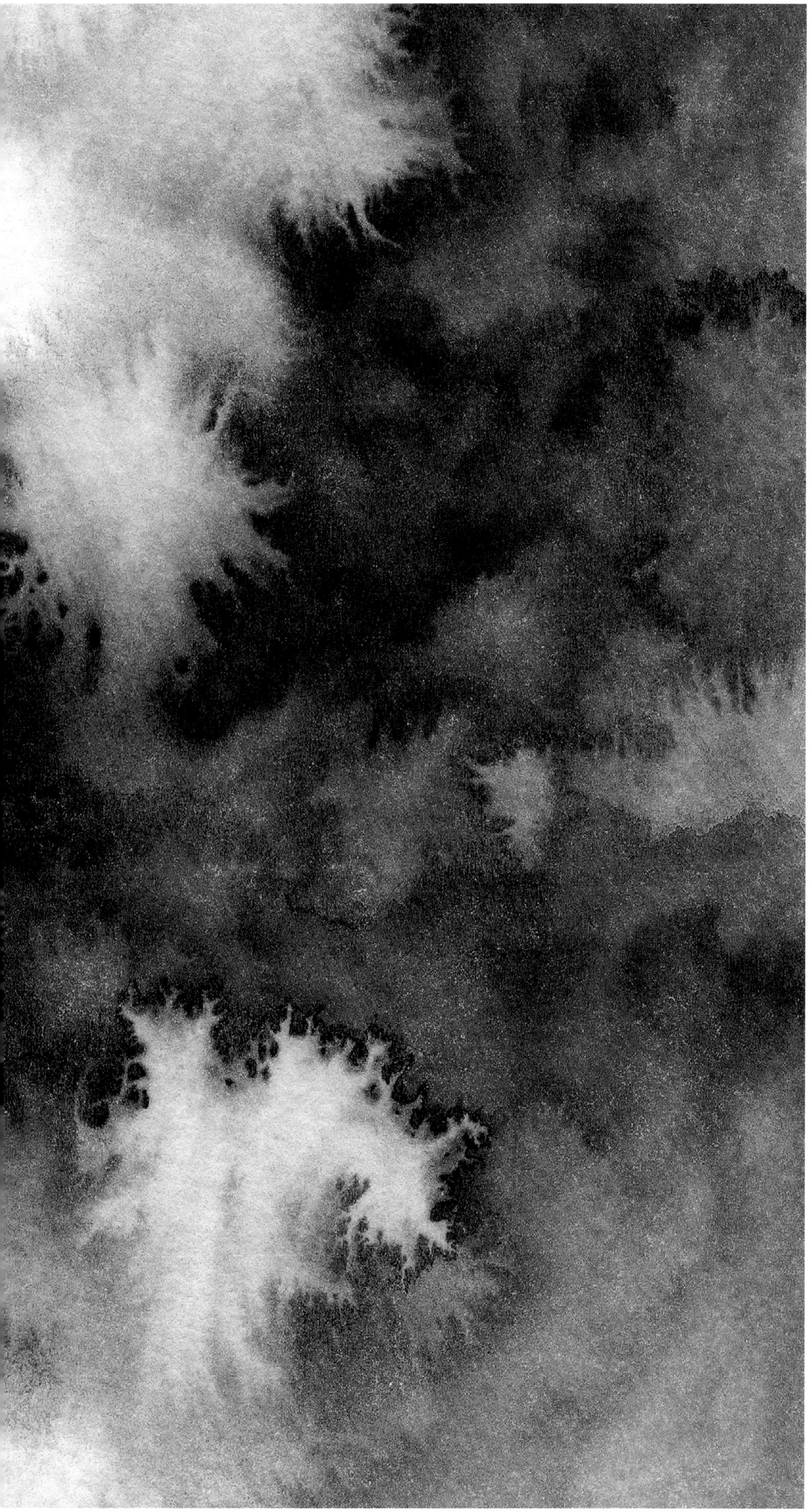

ART AS TRANSLATION OF THE VAST INNER SEA

ESTELA MIAZZI
Artist

the sea is my favourite sensation in the world.
sound.
smell.
movement.
unknown.
temperatures.
contradictions.
encounters.
belonging.
storm.
calm.
sky.
everything immense, everything bigger, much bigger than me.

our society has a craze for control, for finding greatness in doing and having everything. i like the feeling of smallness, of having control over nothing and just being. listening. feeling. in the sea i feel a sense of belonging. as if i were an integral and integrated part of it, a body that floats in the water and listens to the sound from within. which is also the first sound we hear in the womb.

my name is Estela and I believe that there is a sea inside each one of us. but you might call it something else too... I call it sea. that which makes us recognise ourselves in the other. that which makes us feel part of a whole, welcomed, recognised, but which also makes us unique, individual. I like my sea. to look inwards and name my contradictions, my overflows, my stormy places, my deep, unknown, uncomfortable places... my immense places. not always calm, not always turbulent. there are internal violences that only the sea can take in and say, it's okay, soon it will become movement.

i grew up far from the sea. and it was when i invented whales that i realised i was so close to it. i think that's my profession: inventing ways to be close to the sea. to make you feel close to it too. feel sound. smell. movement. wet. hot. wind. cold. rain. storm. sky. everything immense, everything bigger, much bigger than you and me... making us feel immense, belonging and integrated.

it's through watercolour that i translate these feelings and emotions. i graduated in visual arts in 2012 and, as i've always been curious, or perhaps greedy for the world, i've always wanted to translate the encounter between myself and the other; what makes us so unique and individual, but at the same time so universal and similar. the way you think, the way you dress, the way you feel afraid, the way you leave the house and wonder if you've turned off the gas on the cooker, if you've locked the door... before, i used writing and drawing to translate the world, but in 2013 i found myself at sea and watercolour was the material that allowed me to be transparent, invisible, quiet and at the same time vibrant, intense and blue. i am not a watercolourist, traditional watercolour has many rules and i consider it too rational; my watercolour is of the nature of emotion, i allow water and pigments to meet and form dialogues, dances and silences of their own, i only provide this encounter in the hope that you will feel my favourite sensation in the world.

sound.
smell.
movement.
unknown.
temperatures.
contradictions.
encounters.
belonging.
storm.
calm.
sky.
everything immense, everything bigger, much bigger than us.

E.L.

UMA VIDA NO MAR PARA DEFENDER ESPÉCIES AMEAÇADAS

BIA FIGUEIREDO
BIÓLOGA, ATIVISTA E GUIA DE EXPEDIÇÕES

Inspire profundo. Exale. Respire fundo novamente. O oxigênio presente nessa segunda inspiração foi produzido pelos oceanos.

Seres humanos, como eu e você, precisam de 2.000 litros de oxigênio em média, diariamente, para sobreviver. Até recentemente, acreditava-se que o oxigênio necessário para a vida na Terra fosse produzido majoritariamente por árvores. Hoje, sabemos que não.

Organismos fitoplanctônicos estão presentes em todo o oceano. Algas microscópicas que absorvem gás carbônico atmosférico e eliminam oxigênio – sorte a nossa!! Cerca de metade do oxigênio presente no ar que respiramos é produzido por fitoplânctons.

Mas essa é uma outra história.

A minha começa em 1984. Meu primeiro contato com o mar aconteceu em Ubatuba, Litoral Norte de São Paulo, com apenas algumas semanas de vida terrena. O mar se tornou magnético para mim.

Desde que houvesse luz do dia, lá estava eu, procurando golfinhos e tartarugas. Aos oito anos eu já sabia que queria estudar biologia marinha, desde que meu pai voltou da pesca contando que vira uma baleia jubarte ao lado do seu barco. Ele contou com tanta riqueza de detalhes que naquele momento decidi: "É isso que eu quero fazer na minha vida para sempre".

Mas, em 1996, em Ilhabela, tudo mudou. Num dia de mar revolto, distraída, fui tragada por uma onda e os segundos que passei embaixo dela pareceram horas. O turbilhão e a pressão da água me mantiveram submersa por tempo suficiente para que um trauma se instaurasse. Naquele dia, aprendi duas lições valiosas: jamais dar as costas para o mar, e que parte de mim é feita dele. Do medo ao fascínio, o mar sempre me intrigou. E foi por meio do mergulho, primeiro scuba e depois *freediving*, que fiz as pazes com a água salgada.

O oceano também moldou a minha carreira, meu estilo de vida, meu propósito maior. Em 2009, me formei bióloga. Em 2012, tive a oportunidade de ir para a Austrália, onde me filiei ao núcleo da organização Sea Shepherd, em Byron Bay. A Sea Shepherd Conservation Society é uma ONG internacional que conta com múltiplas embarcações, atuando em todos os mares do mundo em prol da vida marinha por meio de ações e intervenções diretas.

Após um ano de voluntariado em terra, decidi me engajar na linha de frente para impedir atividades predatórias em alto-mar. E foi então que, em maio de 2013, com uma mochila nas costas e ansiedade à flor da pele, eu cruzei os portões das docas de Williamstown, Melbourne, rumo ao navio que seria minha casa e local de trabalho pelas próximas quatro semanas.

O período de um mês embarcada virou uma jornada de quatro anos participando de campanhas contra a caça às baleias. Naquela época, os navios baleeiros japoneses tinham uma cota anual que permitia a caça de 1.035 animais na Antártida. Participei de ações que protegeram mais de 700 baleias. Ao ser questionada: "Até onde você iria para salvar uma baleia?", ouvi o som da minha própria voz dizendo "Morreria tentando". Ali, entendi que minha alma estaria para sempre atrelada ao mar.

Participei de campanhas para proteger também golfinhos, tubarões, outras espécies ameaçadas e para combater a escravidão em alto-mar. Estive presente na maior perseguição da história marítima, quando contribuí com a retirada de 72 quilômetros de redes de pesca ilegal no oceano Antártico.

A LIFE AT SEA TO DEFEND ENDANGERED SPECIES

Hoje em dia, trabalho como guia de expedições e piloto de barco. Meu trabalho consiste em explorar áreas remotas do planeta, compartilhar conhecimento em História Natural e experiências, encorajando as pessoas a se conectar com o meio ambiente. É uma maneira importante de contribuir para manter a integridade de lugares remotos e selvagens.

Meu desejo de estar no mar ainda cresce todos os dias. O mar nos transforma física e psicologicamente. Naveguei em todos os oceanos. Nadei ao lado de baleias e tubarões-baleia. São animais majestosos e gentis que me ensinaram humildade e gratidão. Aprendi a passar por cima da minha humanidade para cuidar de uma outra espécie. É algo que entrou na minha alma.

***

Em um dos meus livros favoritos, *Deep*, de 2014, o autor, James Nestor, afirmou que "num mundo de sete bilhões de pessoas, em que cada centímetro de terra já foi mapeado – e muito já foi explorado ou destruído –, o mar continua a ser a última região selvagem invisível, intocada e por descobrir, a última grande fronteira do planeta. O oceano é o último lugar genuinamente silencioso na Terra".

BIA FIGUEIREDO

BIOLOGIST, ACTIVIST AND EXPEDITION GUIDE

Inhale deeply. Exhale. Take another deep breath. The oxygen in that second breath was produced by the oceans.

Human beings like you and me need an average of 2,000 litres of oxygen every day to survive. Until recently, it was believed that most of the oxygen required for life on Earth was produced by trees. Today, we know better.

Phytoplankton organisms are found throughout the ocean. Microscopic algae that absorb atmospheric carbon dioxide and eliminate oxygen – lucky us!!! Around half of the oxygen in the air we breathe is produced by phytoplankton.

But that's another story.

Mine begins in 1984. My first contact with the sea was in Ubatuba, on the north coast of São Paulo, when I was just a few weeks old. The sea became like a magnet for me.

As long as there was daylight, there I was, looking for dolphins and turtles. At the age of eight I already knew I wanted to study marine biology, ever since my father came back from a fishing excursion telling me he'd seen a humpback whale next to his boat. He recounted the story in such detail that I made up my mind there and then: 'That's what I want to do for the rest of my life.'

But in 1996, in Ilhabela, everything changed. On a day when the sea was rough, I got distracted and was swallowed up by a wave; the seconds I spent under it seemed like hours. The vortex and the pressure of the water kept me submerged long enough to leave me traumatised. I learnt two valuable lessons about the sea that day: to never turn my back on it, and that part of me is made of it. From fear to fascination, the sea has always intrigued me. And it was through diving, first scuba and then freediving, that I made peace with the seawater.

The ocean has also shaped my career, my lifestyle, my greater purpose. In 2009, I graduated as a biologist. In 2012, I had the opportunity to go to Australia, where I joined the Sea Shepherd organisation in Byron Bay. The Sea Shepherd Conservation Society is an international NGO with multiple vessels, working in all the world's seas to the benefit of marine life through direct actions and interventions.

After a year of volunteering on land, I decided to get involved on the front line to put a stop to predatory activities on the high seas. And so it was that in May 2013, with a rucksack on my back and anxiety running high, I entered the harbour of Williamstown, Melbourne, heading for the ship that would be my home and workplace for the next four weeks.

A month on board turned into a four-year journey campaigning against whaling. At the time, Japanese whaling ships had an annual quota that allowed them to hunt 1,035 animals in Antarctica. I took part in actions that protected more than 700 whales. When asked: 'How far would you go to save a whale?' I heard the sound of my own voice saying, 'I'd die trying.' At that point I realised that my soul would forever be bound to the sea.

I've also campaigned for the protection of dolphins, sharks and other endangered species and to combat slavery at high sea. I was there for the biggest chase in maritime history, when I helped remove 72 kilometres of illegal fishing nets in the Antarctic Ocean.

Nowadays, I work as an expedition guide and boat pilot. My work consists of exploring remote areas of the planet, sharing natural history knowledge and experiences, and encouraging people to connect with the environment. It's an important way of contributing toward maintaining the integrity of remote and wild areas.

My desire to be at sea still grows with each passing day. The sea transforms us physically and psychologically. I've sailed all the oceans. I've swum alongside whales and whale sharks. These majestic, gentle animals have taught me humility and gratitude. I've learnt to ignore my humanity to care for another species. This is something that has penetrated my soul.

***

In one of my favourite books, *Deep*, from 2014, the author James Nestor said: 'In a world of seven billion people, where every inch of land has been mapped, much of it developed, and too much of it destroyed, the sea remains the final unseen, untouched, and undiscovered wilderness, the planet's last great frontier. The ocean is the last truly quiet place on Earth.'

ANTÁRTICA: A FORÇA FEMININA POR TRÁS DO INSTITUTO GELO NA BAGAGEM

FRANCYNE ELIAS-PIERA (DRA. FRAN)
DOUTORA EM CIÊNCIA AMBIENTAL, ESPECIALISTA EM ECOLOGIA ANTÁRTICA. *YOUTUBER*, PALESTRANTE, EMPRESÁRIA E PRESIDENTE DO GELO NA BAGAGEM

A Antártica é uma terra inóspita para os humanos, mas repleta de vida. Sua magia nos convoca à proteção. Para mim, esse chamado veio já na infância.

Nasci em São Paulo e herdei a paixão pelas águas do meu avô, um alagoano destemido que desafiava as correntezas do rio São Francisco. No litoral de São Paulo, ele gostava de se aventurar nas ondas do mar. Nadava para longe, ensinando que não precisávamos ter medo, e sim respeito. Ele me transmitiu o amor pelo mar – mas em vez das águas tropicais, meu coração foi conquistado pelo gelo.

Meu amor pela Antártica começou aos oito anos, quando fiquei fascinada pelo continente gelado e comecei a colecionar fotos e reportagens em um portifólio, sem jamais imaginar que isso moldaria minha trajetória. Na época, eu sonhava em ser arquiteta, mas um professor de biologia na escola me apresentou a ideia de estudar e proteger o planeta ao mesmo tempo. Até hoje me lembro do Cláudio, e de sentir meus olhos brilhando durante a conversa. Foi um momento decisivo que acendeu a chama da minha paixão.

Ingressei na faculdade de biologia com o desejo de trabalhar com biologia marinha. Inicialmente, estudava baleias e golfinhos, como é comum para quem quer entrar na área. No entanto, tudo mudou quando assisti a uma palestra sobre as baleias que chegam ao Oceano Austral. Aquilo reavivou o fascínio da minha infância, despertando o desejo de explorar a Antártica.

Soube de um estágio na Antártica e não pensei duas vezes: deixei as baleias e fui estudar o bentos, pequenos seres invertebrados do fundo do mar. Do estágio, engatei no mestrado. Quando terminei, disse à minha orientadora que eu até poderia estudar outros animais – mas de ambiente eu não mudaria mais. A Antártica tornou-se minha missão de vida.

Ao retornar da minha primeira expedição em 2003, senti uma urgência em compartilhar minha experiência e meu conhecimento. Quanto mais eu estudava a Antártica, mais eu queria que as pessoas vissem e entendessem a sua importância.

Porém, o caminho para ser pesquisadora naquele lugar é árduo. Enfrentei inúmeras dificuldades, desde a recusa de bolsas de estudo até o desafio de conseguir apoio e reconhecimento, especialmente por ser mulher em um campo dominado por homens. Nas cinco expedições de que participei, a desproporção entre homens e mulheres sempre foi marcante. Precisei ser persistente para seguir em frente.

Foi na Espanha – fiz meu doutorado em Barcelona e o pós-doutorado em Songdo, Incheon na Coreia do Sul –, que tive a oportunidade de desenvolver meu potencial de pesquisa e testemunhar o poder da divulgação científica. Vi meu orientador de doutorado dando palestras sobre a Antártica para plateias atentas em uma livraria de *shopping* em Barcelona. Vi os pesquisadores do Instituto de Pesquisa Polar Coreano interagindo com o público em exposições, eventos em praças e provas de corrida para conscientizar pessoas sobre as mudanças climáticas. Essas experiências me ensinaram muito sobre o potencial e a importância de levar a ciência para a sociedade.

Assim, em 2019, ao voltar para o Brasil, criei o Gelo na Bagagem. O projeto nasceu como a primeira plataforma de educação e entretenimento sobre a Antártica para jovens, mirando um público de 15 a 22 anos. Porém, foi crescendo e ampliando sua audiência. Hoje, tem seguidores fiéis de 5 a 90 anos. Mais do que uma plataforma de entretenimento, tornou-se um movimento que inspira pessoas de todas as idades a se envolverem na conservação do nosso planeta, conectando a Antártica com o mundo e demonstrando sua relevância para o equilíbrio global. Minha mais recente conquista foi transformar o Gelo na Bagagem em uma organização não governamental, dedicada à conscientização e educação ambiental.

Sinto uma grande realização em compartilhar meu conhecimento, inspirar jovens ou futuras pesquisadoras, mostrar como a Antártica faz parte da nossa vida. As pessoas não dão a devida dimensão ao que acontece no continente por achar que está "tão longe de nós", que é um mundo distante. Mas está tudo conectado! As correntes marinhas e atmosféricas ligam a Antártica ao mundo, resfriando o planeta e influenciando nossa agricultura, pesca e turismo.

A Antártica é feminina. Pode ser dura e gelada por fora, mas, de perto, a biodiversidade fervilha em todos os patamares: as bactérias e os fungos que habitam o gelo; os invertebrados de todas as cores e tamanhos no fundo do oceano; os mamíferos e as aves que transitam entre água e superfície. A Antártica é a mãe que oferece toneladas de alimentos a invertebrados, focas, peixes, pinguins e grandiosas baleias, e mantém o equilíbrio do planeta.

ANTARCTICA: THE FEMALE FORCE BEHIND THE INSTITUTO GELO NA BAGAGEM

FRANCYNE ELIAS-PIERA (DRA. FRAN)
PHD IN ENVIRONMENTAL SCIENCE, SPECIALISING IN ANTARCTIC ECOLOGY. YOUTUBER, SPEAKER, ENTREPRENEUR AND PRESIDENT OF GELO NA BAGAGEM

Antarctica is an inhospitable land to humans, but teeming with life. Its magic beckons us to its protection. For me, this call came as a child.

I was born in São Paulo and inherited my passion for water from my grandfather, a fearless man from Alagoas who defied the currents of the São Francisco river. He enjoyed venturing out on the waves of the São Paulo coast. He would swim far away, teaching us that we should not be afraid, but respectful. He passed on to me his love of the sea – but rather than the tropical waters, it was the ice that conquered my heart.

My love of Antarctica began at the age of eight, when I became fascinated by the frozen continent and started collecting photos and reports in a portfolio, not for a second imagining that it would shape my career. At the time, I dreamed of becoming an architect, but my biology teacher at school introduced me to the idea of studying and protecting the planet at the same time. To this day I remember Cláudio, and feeling my eyes light up during our conversation. It was a decisive moment that sparked my passion.

I went to university to study biology with the aim of working in marine biology. Initially, I studied whales and dolphins, a common starting point for anyone who wants to get into the field. However, everything changed when I attended a lecture on the whales that reach the Southern Ocean. It revived my childhood fascination, awakening my desire to explore Antarctica.

I heard about an internship in Antarctica and I jumped at the chance: I left the whales and went to study the benthos, small invertebrates on the seabed. I went from my internship into a master's degree. When I finished it, I told my supervisor that I might study other animals, but I would not change to a different environment ever again. Antarctica became my life mission.

When I returned from my first expedition in 2003, I felt an urge to share my experience and knowledge. The more I studied Antarctica, the more I wanted people to see and understand its importance.

But the road to becoming a researcher in that place is an arduous one. I faced countless difficulties, from being turned down for scholarships to the challenge of gaining support and recognition, especially because I was a woman in a male-dominated field. In my five expeditions there was always a striking disproportion between men and women. I had to be persistent to keep going.

I did my PhD in Barcelona – a post-doctorate followed in Songdo, Incheon, South Korea – and it was in Spain that I had the opportunity to develop my research potential and witness the power of scientific dissemination. I watched my PhD supervisor giving lectures on Antarctica to attentive audiences in a shopping centre bookshop in Barcelona. I've seen researchers from the Korean Polar Research Institute interacting with the public at exhibitions, events in squares and running races to raise awareness about climate change. These experiences taught me a lot about the potential and importance of bringing science to society.

So in 2019, on my return to Brazil, I created Gelo na Bagagem [Ice in the Luggage]. The project was conceived as the first education and entertainment platform about Antarctica for young people, targeting 15- to 22-years-olds. However, it kept growing and expanded its audience. Today, we have loyal followers aged 5 to 90. More than an entertainment platform, it has become a movement that inspires people of all ages to get involved in the conservation of our planet, connecting Antarctica with the world and demonstrating its significance to global balance. My latest achievement was to turn Gelo na Bagagem into a non-governmental organisation dedicated to environmental awareness and education.

It feels very fulfilling to share my knowledge, inspire young people or future researchers, and show how Antarctica is part of our lives. People don't give due attention to what is happening on the continent because they think it's 'so far away from us,' that it's half a world away. But everything is connected! Marine and atmospheric currents connect Antarctica to the world, cooling the planet and influencing our agriculture, fishing and tourism.

Antarctica is female. It may be hard and icy on the outside, but up close, there is biodiversity bubbling at every level: the bacteria and fungi that inhabit the ice; the invertebrates of all colours and sizes on the ocean floor; the mammals and birds that move between the water and the surface. Antarctica is the mother that provides tonnes of food for invertebrates, seals, fish, penguins and great whales, and maintains the planet's balance.

A VIDA DEDICADA AOS GIGANTES DOS MARES

MARIA EMILIA (MIA) MORETE
DIRETORA DO VIVA INSTITUTO VERDE AZUL, PESQUISADORA DE CETÁCEOS, BIÓLOGA E DOUTORA EM ECOLOGIA

Nasci em 1970 e me lembro de ficar muito impressionada com programas de televisão que mostravam a morte de baleias e focas que se debatiam em desespero na água e no gelo. Aquilo me fazia muito mal. Lembro-me de uma noite em que corri para o quarto chorando. Eu devia ter uns dez anos. Aos 14, descobri o movimento Save the Whales e aos poucos me engajei na luta pelo fim da caça a esses animais. Quando fui a uma passeata na Avenida Paulista, percebi que não era só eu. Muitas e muitas pessoas estavam juntas pelas baleias!

Em 1985, o então presidente José Sarney decretou a suspensão da caça comercial de baleias no Brasil por cinco anos. Desde 1946, o mundo já vinha discutindo uma pausa na caça por meio da International Whaling Commission (IWC), diante da crescente escassez de baleias nos mares. A IWC estipulava cotas de caça e algumas regras de proteção a determinadas populações. De 1904 até a moratória, em 1986, quando foi suspensa a caça mundialmente, quase três milhões de baleias foram mortas.

Entretanto, países não signatários da IWC – Japão, Noruega, Islândia e Dinamarca – continuam a caçar comercialmente até hoje. Além desses, existe a caça aborígene realizada por povos dos Estados Unidos, Rússia, Indonésia e Caribe. Da moratória até 2020, cerca de 60 mil baleias foram mortas. Todos os anos, os países se reúnem no âmbito da IWC (hoje com 88 membros) para discutir e votar a volta da caça. Felizmente, essa demanda em larga escala ainda não foi aceita pela maioria dos países e quase todas as espécies de baleias estão se recuperando lentamente.

Quando entrei no Instituto de Biociências da Universidade de São Paulo, descobri que nenhum professor trabalhava com baleias e golfinhos. Foi um banho de água fria. E ainda me sugeriram ir para a Argentina... Um país com oito mil quilômetros de costa e eu teria que estudar baleias na Argentina? Então, trabalhei na mata, com onças, até que, em 1994, participei da Reunião de Especialistas em Mamíferos Aquáticos, em Florianópolis, e o mundo das baleias se abriu para mim. No ano seguinte, consegui um estágio em Terra Nova, no Canadá. Eu ficava no alto de uma montanha, estudando o comportamento das baleias em reação a uma fonte de som. Era uma metodologia que estava sendo testada com o objetivo de espantar o animal e evitar sua captura acidental nas redes de pesca.

De volta ao Brasil, fui trabalhar no arquipélago de Abrolhos. Na época, a população estimada de jubartes no litoral brasileiro era de menos de 2.000 indivíduos. Passei dez anos analisando o comportamento das baleias na temporada brasileira, de julho a novembro, o que me rendeu um doutorado. Como podem ser tão gentis e encantadoras com seus 15 metros de comprimento e 40 toneladas?

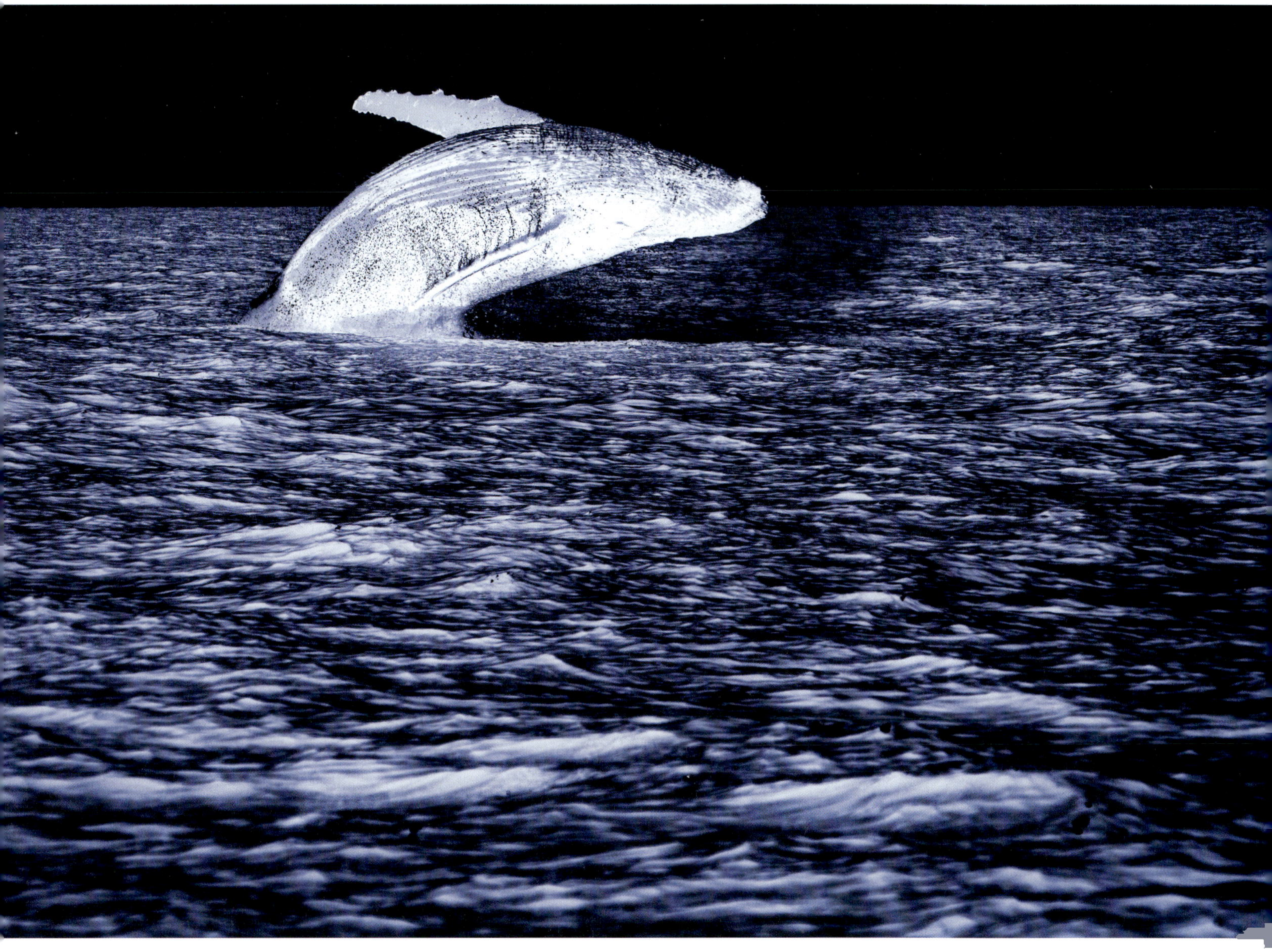

As jubartes estão em todos os oceanos, subdivididas em populações diferentes. As "brasileiras" chegam hoje a mais de 25 mil. Frequentam o litoral a leste, nordeste e sudeste do Brasil, concentrando-se nas águas quentes e rasas de Abrolhos, onde acasalam e, após 11 a 12 meses, nascem os filhotes. Depois da amamentação, quando o verão se aproxima, é hora de migrar para as águas mais frias e produtivas da Antártica. Nossa população de baleias se alimenta na região das Ilhas Georgia do Sul e Sandwich. Nutrem-se de pequenos animais, como o *krill*, um camarão que se agrega em grupos gigantes, e peixes formadores de cardumes.

As baleias têm na boca estruturas feitas de queratina, como as unhas dos humanos, que chamamos de cerdas ou barbatanas. São placas fixas na maxila, que começam pequenas na parte frontal e vão aumentando de tamanho, dispostas uma ao lado da outra. Por dentro, são desfiadas e funcionam como um filtro. O cardume é abocanhado e o excesso de água é eliminado por entre as barbatanas. Elas acabam ingerindo um tanto de água do mar, mas o excesso de sal é processado pelos rins que produzem uma urina superconcentrada. E o tanto que comem, o tanto que nutrem o oceano! Isso porque as fezes das baleias são ricas em ferro e nitrogênio, nutrientes básicos para o fitoplâncton. Além de serem a base da cadeia alimentar, os fitoplânctons são, de fato, o pulmão do mundo. Pela fotossíntese, eles capturam carbono da atmosfera e liberam oxigênio!

São conhecidas 94 espécies diferentes de cetáceos, sendo 16 de baleias e 78 de golfinhos. Trata-se de mamíferos com complexas organizações sociais e sistema de comunicação na água, onde o som se propaga muito mais rápido que no ar. Estudos mostram que a baixa frequência do som da baleia-azul pode viajar de um lado ao outro do oceano! Mas os misteriosos sons dos gigantes gentis são mascarados por aqueles de atividades petrolíferas, sísmicas, de navegação e explosões, que se tornaram cada vez mais frequentes. Os animais vivem num oceano muito alterado, que sofre os efeitos da mudança climática e os impactos da poluição sonora e química, do lixo e do turismo desordenado. Atropelamentos, redes e cabos de pesca provocam a morte lenta e cruel de mais de 300 mil baleias e golfinhos por ano.

Temos a chance de estudar as jubartes e mais 11 espécies de cetáceos que habitam as águas do litoral de Ilhabela, em São Paulo. O VIVA Instituto Verde Azul, organização não governamental que fundamos em 2014, é formado por mulheres que têm o objetivo de ensinar sobre as belezas, os mistérios e a biologia das baleias e dos golfinhos e sobre as ameaças antrópicas que sofrem. Queremos ajudar a despertar a consciência ambiental para que consigamos viver em harmonia com eles e com todos os habitantes da Terra.

A LIFE DEDICATED TO THE GIANTS OF THE SEAS

MARIA EMILIA (MIA) MORETE
DIRECTOR OF VIVA INSTITUTO VERDE AZUL, CETACEAN RESEARCHER, BIOLOGIST AND PHD IN ECOLOGY

I was born in 1970 and I remember being astounded by television programmes showing whales dying and seals flapping about in despair in the water and on the ice. That really hit me hard. I remember running to my room one night crying. I must have been about ten years old. When I was 14, I discovered the Save the Whales movement and gradually became involved in the fight to end the hunting of these animals. When I went to a march on Avenida Paulista, I realised I was not alone. So many people gathered together for the whales!

In 1985, then President José Sarney decreed a five-year suspension of commercial whaling in Brazil. Since 1946, given the growing scarcity of whales in the seas, the world had been discussing a pause in their hunting through the International Whaling Commission (IWC). The IWC established hunting quotas and some rules to protect certain populations. From 1904 until the moratorium in 1986, when hunting was suspended worldwide, almost three million whales were killed.

However, countries not signed up to the IWC – Japan, Norway, Iceland and Denmark continue to hunt commercially to this day. In addition to these, there is aboriginal hunting carried out by people from the United States, Russia, Indonesia and the Caribbean. From the moratorium until 2020, around 60,000 whales were killed. Every year, countries meet within the IWC (now 88 members) to discuss and vote on the resumption of hunting. Fortunately, this large-scale demand is still rejected by most countries and almost all whale species are slowly recovering.

When I joined the Institute of Biosciences at the University of São Paulo, I discovered that there was not a single professor working with whales and dolphins. That was quite a shock to the system. And they even suggested I go to Argentina... A country with 8,000 kilometres of coastline and I'd have to study whales in Argentina? So, I worked in the forest with jaguars until, in 1994, I attended the Meeting of Specialists in Aquatic Mammals in Florianópolis and the world of whales opened its doors to me. The following year, I got an internship in Newfoundland, Canada. I stayed at the top of a mountain, studying how whales reacted to a sound source. The methodology was being tested with the aim of scaring the animal away so as to prevent it from being accidentally caught in fishing nets.

Back in Brazil, I went to work in the Abrolhos archipelago. At the time, the estimated population of humpbacks on the Brazilian coast was less than 2,000 individuals. I spent ten years analysing the behaviour of whales during the Brazilian season, from July to November, which earned me a PhD. How can these 15-metre-long, 40-tonne giants be so gentle and charming?

Humpbacks are found in all oceans and are subdivided into different populations. The 'Brazilians' now number more than 25,000. They frequent the eastern, northeastern and southeastern coasts of Brazil, concentrating in the warm, shallow waters of Abrolhos, where they mate and, after 11 to 12 months, their offspring are born. After nursing, when summer approaches, it's time to migrate to the colder and more productive waters of the Antarctic. Our whale population feeds in the region of the South Georgia and South Sandwich Islands. They feed on small animals such as krill, a shrimp that swarms in enormous groups, and schooling fish.

Whale mouths have structures made of keratin, like human fingernails, which we call bristles or baleen. These are arranged in fixed plates next to each other in the jaw, they are small at the front and gradually get bigger as they go back. Inside, they are frayed and act as a filter. The shoal is swallowed up and the excess water is discarded through the baleen. They end up ingesting a lot of seawater, but the excess salt is processed by the kidneys, which produce highly concentrated urine. And the more they eat, the more they nourish the ocean! This is because whale faeces are rich in iron and nitrogen, basic nutrients for phytoplankton. As well as being the base of the food chain, phytoplankton are, in fact, the lungs of the world. Through photosynthesis, they capture carbon from the atmosphere and release oxygen!

There are 94 different cetacean species known, 16 of which are whales and 78 dolphins. These mammals live in complex social organisations and use a communication system in the water, where sound propagates much faster than in the air. Studies show that the low frequency sound of the blue whale can travel from one side of the ocean to the other! But the mysterious sounds of these gentle giants are drowned out by those of oil exploration, seismic activity, shipping and explosions, which have become increasingly frequent. The animals live in a much-changed ocean, which is suffering the effects of climate change and the impacts of noise and chemical pollution, waste and uncontrolled tourism. Collisions, fishing nets and lines cause the slow and cruel death of more than 300,000 whales and dolphins every year.

We have the chance to study humpbacks and 11 other species of cetaceans that inhabit the coastal waters of Ilhabela, in São Paulo. VIVA Instituto Verde Azul, a non-governmental organisation that we founded in 2014, consists of women whose aim is to teach about the beauty, mysteries and biology of whales and dolphins and the anthropogenic threats they face. We want to help raise environmental awareness so that we can live in harmony with them and all of Earth's inhabitants.

OCEANO

RAlidade
E.L.

AMOR TRABALHO E LUTA PELO MAR

GESIANI SOUSA LEITE
INTEGRANTE DA COORDENAÇÃO DA ASSOCIAÇÃO MÃE DOS EXTRATIVISTAS DA RESEX DE CANAVIEIRAS E DA REDE MULHERES DE COMUNIDADES EXTRATIVISTAS PESQUEIRAS DA BAHIA

Nasci no Rio de Janeiro, em Mesquita, na Baixada Fluminense, e sempre estive perto do mar. Meu pai gostava muito de pescar e passávamos muito tempo na Ilha Grande, onde nossos tios moravam. Mas o mar entrou de vez na minha vida quando eu tinha 20 anos. Meus pais me trouxeram para conhecer Canavieiras, no sul da Bahia, origem da nossa família. Aqui, encontrei meu amor, o Carlinhos, e o meu lugar.

O Carlinhos é pescador e jangadeiro e com ele saí para pescar de jangada pela primeira vez. A nossa jangada é a tradicional, com seis paus de piúba amarrados um no outro. Eu ia na frente e ele ia remando atrás e manejando a embarcação. Foi muito interessante porque existia um machismo muito grande na pesca. Diziam que a mulher não podia pisar na jangada ou não podia encostar nos apetrechos de pesca porque a pesca não ia ser boa. E dessa vez eu fui e pegamos cerca de 30 quilos de ariocó, que é um peixe considerado de primeira. Eu quebrei o tabu. Foi quando entendi também como somos pequenos diante da imensidão do mar e como nosso trabalho é importante para protegê-lo para todas as famílias que dependem dele.

Nós trabalhamos na Reserva Extrativista de Canavieiras, criada em 2006, e ajudamos a fortalecer as comunidades por meio da Associação Mãe dos Extrativistas da Resex Canavieiras (Amex). As reservas extrativistas são criadas para proteger o modo de vida, a cultura e o território da população tradicional. Em Canavieiras, as principais atividades são a pesca e a extração de mariscos e crustáceos. São cerca de 2.500 famílias, sendo que em muitas delas as mulheres são pescadoras e trabalham também com a mariscagem do aratu, siri, caranguejo, ostra, lambreta, sururu e camarão.

A Associação Mãe reúne 14 associações, cada uma com a sua autonomia. Nosso trabalho é apoiar a implementação de políticas públicas, elaborar projetos, fazer parcerias e oferecer conhecimento para as famílias locais. Nessa linha de trabalho social, a Rede Mulheres, criada em 2009 com o apoio da ONU Mulheres, é um braço da Amex, e tem por objetivo trabalhar com as mulheres pescadoras, extrativistas e agricultoras familiares.

Somos cerca de 700 mulheres participando diretamente, mas há um público muito maior envolvido. São filhas, irmãs, primas e parentes que indiretamente se beneficiam da Rede. Fazemos capacitações, levamos a elas informações sobre direitos básicos, como o seguro defeso e os auxílios a que elas têm direito, saúde, empoderamento financeiro e violência doméstica.

Outro assunto que temos trazido para o diálogo com as mulheres nas comunidades é o das mudanças climáticas e dos eventos extremos. Tivemos três anos seguidos de cheias no sul da Bahia. E paramos para pensar que existem diferentes percepções sobre esse tema. A nossa percepção, como população tradicional, é na linha de que podemos deixar de existir caso não consigamos nos adaptar ou mitigar os impactos. Então, esse é o tema que poderá basear nossas ações pelos próximos anos.

LOVE, WORK AND STRUGGLE FOR THE SEA

GESIANI SOUSA LEITE
MEMBER OF THE COORDINATION TEAM OF THE ASSOCIAÇÃO MÃE DOS EXTRATIVISTAS DA RESEX DE CANAVIEIRAS AND OF THE REDE MULHERES DE COMUNIDADES EXTRATIVISTAS PESQUEIRAS DA BAHIA

Quando conheci o trabalho associativo e coletivo, eu me apaixonei. É muito gratificante ver a transformação que ele faz na vida das pessoas. O processo de formação política das mulheres nos faz entender quem somos e onde estamos, qual o nosso papel na sociedade. Nós percebemos que conseguimos participar dos espaços de forma qualificada, entendendo como é importante a existência da Rede Mulheres e de ser um nó nessa rede.

Ter esse relacionamento com o mar e fazer parte de uma família de pescadores transformou a minha percepção sobre a vida. Conhecer a sociobiodiversidade que vive em torno do mar e poder fazer parte dela é algo que não tem preço. Hoje, sou parte desse ecossistema. Sou movida pela vontade de ver a minha companheira livre para ser quem ela quer e para ter acesso a todo o conhecimento que quiser. O mar nos une e nos move. Assim como as ondas do mar, nosso conhecimento vai, trocamos nossas experiências e voltamos como a maré cheia, com várias novidades. Esses conhecimentos são como a semente que cai do mangue pronta para germinar e crescemos juntas nesse grande maretório. Viva as mulheres das Marés e das Águas! Viva as Pescadoras Artesanais!

I was born in Rio de Janeiro, in Mesquita, in the Baixada Fluminense, and I've always been close to the sea. My father loved fishing and we would spend a lot of time on Ilha Grande, where our uncles lived. But the sea became a part of my life for good when I was 20. My parents brought me to visit Canavieiras, in the south of Bahia, where our family came from originally. This is where I met the love of my life, Carlinhos, and my place.

Carlinhos is a fisherman and rafter and I went raft fishing with him for the first time. We have a traditional jangada raft, made of six *piúba* logs tied together. I would sit at the front and he would row and steer from behind. It was very interesting because there was a lot of chauvinism in fishing. They used to say that women couldn't set foot on the raft or touch the fishing gear because it would jinx the fishing. And I went that time and we caught around 30 kilos of mutton snapper, which is considered a top fish. I broke the taboo. That was also when I realised how small we are against the vastness of the sea and how important our work is to protect it for all the families that depend on it.

We work in the Canavieiras Extractive Reserve, created in 2006, and help strengthen the communities through the Mother Association of Extractivists of the Canavieiras Resex (Amex). Extractive reserves are created to protect the way of life, culture and territory of the traditional community. In Canavieiras, the main activities are fishing and the shellfish and crustacean gathering. There are roughly 2,500 families, many of which have women who are fisherwomen and gather mangrove and siri crab, oyster, lambreta, mussels and prawns.

The Associação Mãe [Mother Association] brings together 14 autonomous associations. Our job is to support the implementation of public policies, develop projects, build partnerships and offer knowledge to local families. In this line of social work, the Rede Mulheres [Women's Network], created in 2009 with the support of UN Women, is an arm of the Amex and aims to work with fisherwomen, women extractivists and family farmers.

There are around 700 of us women with direct participation, but the initiative involves a much larger public, including daughters, sisters, cousins and relatives who benefit indirectly from the Rede. We provide them with training and information about basic rights, such as closed season insurance and the aid they are entitled to claim, health, financial advice, empowerment and domestic violence.

Another issue we now discuss with the women in the communities is climate change and extreme events. We've had three years in a row of floods in the south of Bahia. And we took a moment to reflect on different views on this matter. Our view, as a traditional community, is that we might cease to exist if we can't adapt to or mitigate the impacts. So we can use this issue as the basis for our actions over the next few years.

When I learnt about associative and collective work, I fell in love. It's so rewarding to see the transformation it makes in people's lives. The process of women's political education allows us to understand who we are and where we are and what our role in society is. We realise that we can participate in spaces in a qualified way, understanding the importance of the Rede Mulheres and of being a point in this network.

Having this relationship with the sea and being part of a family of fishermen has transformed how I perceive life. Getting to know the biocultural diversity that lives near the sea and being a part of it is priceless. Today, I'm part of that ecosystem. I'm driven by the desire to see my fellow woman free to be who she wants to be and to have access to all the knowledge she wants. The sea unites us and moves us. Like ocean waves, our knowledge goes out, we exchange experiences and come back like the high tide, with new understandings. This knowledge is like the seed that falls from the mangrove ready to germinate, and we grow together in this great maretório (a *portmanteau* of *mar* – sea, and *território* – territory). Long live the women of the tides and waters! Long live the artisanal fisherwomen!

DA PESQUISA À DIVULGAÇÃO CIENTÍFICA: COMO UMA ONDA NO MAR

JANA DEL FAVERO
EMPREENDEDORA, CIENTISTA, AUTORA E COMUNICADORA

Crescer, cursar faculdade de biologia, mestrado, doutorado em oceanografia e me tornar professora universitária. Quem dera se a vida fosse escrita por linhas retas, e não cheias de cristas e cavados como as ondas do oceano. Quando as observamos, nem imaginamos que sejam oriundas de uma perturbação, como o vento, e que navegaram por longas distâncias, desde o alto-mar, até quebrarem majestosamente na praia.

Como o percurso de uma onda, tive vários cavados e cristas ao longo de minha carreira acadêmica, mas quero falar do fenômeno da refração, que os faz mudar de direção. Como eles, eu também alterei o meu rumo e convergi para um ponto diferente daquele que havia mirado inicialmente. O ano era 2014 e eu estava morando fora do Brasil, quando recebi o convite de uma colega para integrar a equipe de um *blog* de divulgação das ciências do mar. Das mais de 20 pessoas convidadas, apenas sete convergiram para esse desafio. Todas, mulheres. Foi uma iniciativa pioneira.

Nenhuma de nós havia aprendido como divulgar ciências ao longo da nossa formação. Queríamos que a sociedade valorizasse o que fazíamos dentro da universidade, mas nunca fomos treinadas a nos comunicar com ela. Almejávamos também dar outros rostos aos cientistas, além do homem branco e heterossexual imaginado pela maioria das pessoas. Pretendíamos discutir os vieses de gênero existentes na academia, buscando formas de combatê-los.

Sabíamos que os desafios seriam gigantes e que teríamos que trabalhar duro para superá-los. Foram meses de muitos debates e ideias até que, em abril de 2015, o Bate-Papo com Netuno foi lançado. Estávamos surfando a crista da onda quando, rapidamente, caímos rumo ao cavado. Recebemos uma tempestade de críticas de quem considera "mimimi" falar do viés de gênero na academia. Acusavam-nos de "espantar o público masculino". Combatíamos cada crítica com pesquisa e dados que contrapunham os ataques recebidos.

Um dos resultados mais importantes do nosso trabalho foi um estudo, em parceria com pesquisadoras da Universidade Federal do Sul da Bahia (UFSB), mostrando a dura realidade de assédio moral e sexual contra mulheres que trabalham embarcadas. A pesquisa, a primeira sobre o assunto, foi realizada em 2021 e ouviu 260 trabalhadores de embarcação no Brasil, por meio de questionários *online*. O resultado mostra que quatro em cada cinco mulheres sofrem assédio (sexual ou moral) ao estudar e trabalhar em embarcações, sendo que 56 delas revelaram ter sofrido assédio sexual. Apenas 18% haviam relatado o assédio às autoridades. Muitas mulheres simplesmente desistem de suas carreiras no mar. Com esses dados, estamos preparando um guia de enfrentamento ao assédio para mulheres embarcadas.

Com iniciativas como essa, fomos vencendo. Aumentamos a equipe de voluntárias, criamos vídeos, *podcasts* e tirinhas para divulgar nosso trabalho. Muitas vezes, porém, ficamos exaustas. Tínhamos que conciliar nossas carreiras com o trabalho não remunerado da plataforma (além do doméstico e da maternidade). Escrevemos projetos para editais de financiamento e cansamos de receber respostas negativas. Esgotamo-nos em campanhas de arrecadação financeira para que conseguíssemos pagar os custos básicos de manutenção da página no ar.

Seguimos. E não seguimos sozinhas. Presenciamos ao longo dos anos o aumento de divulgadores científicos no Brasil e no mundo. Vimos diversas iniciativas surgirem, inclusive, com foco em mulheres nas ciências. A divulgação científica cresceu, mas ainda temos que estreitar a ponte entre cientistas e os mais diversos públicos, considerando o papel essencial do oceano no equilíbrio climático do planeta.

Somado a isso, um dos resultados esperados da Década das Nações Unidas da Ciência Oceânica para o Desenvolvimento Sustentável é que o oceano seja reconhecido e valorizado por todos, resultado muito ligado à comunicação. Outro termo que vem ganhando destaque é o da Cultura Oceânica, cuja essência é conhecer e entender a influência do oceano em nós e nossa influência no oceano.

Nessa busca por cativar as pessoas para que se conectem com o mar, percebi um público-alvo que estava sendo pouco atingido, o infantil. Transformei, então, meu cachorro, o Suvaco, em personagem de seis livros infantis, que têm como missão aproximar as crianças do oceano. Acredito que quanto mais as pessoas estiverem instruídas sobre os oceanos, mais elas respeitarão os limites dos ecossistemas marinhos e dos seus recursos. É por isso que deixo minha onda ir navegando, curtindo as cristas e tirando aprendizados dos cavados, sempre aberta a novas convergências. E pode ser que, no momento que este texto chegar até você, minha onda já tenha mudado de direção novamente. Só tenho a certeza que ela continuará salgando por onde passar.

FROM RESEARCH TO SCIENTIFIC DISSEMINATION: LIKE A WAVE ON THE SEA

JANA DEL FAVERO
ENTREPRENEUR, SCIENTIST, AUTHOR AND COMMUNICATOR

Growing up, studying biology at university, getting a master's degree, a doctorate in oceanography and becoming a university lecturer. If only life were written in straight lines, rather than with crests and troughs like ocean waves. When we look at them, it's hard to imagine that waves come from a disturbance, like the wind, and that they have travelled long distances from the high seas before breaking majestically on the beach.

Like the path of a wave, I've had several crests and troughs throughout my academic career, but I want to talk about the phenomenon of refraction, which causes them to change direction. Like them, I also changed my course and converged on a different point to the one I had originally set my sights on. It was 2014 and I was living abroad when I received an invitation from a colleague to join the team of a marine sciences blog. Of the more than 20 people invited, only seven took on this challenge. All of us women. It was a pioneering initiative.

None of us had learnt how to disseminate science over the course of our education. We wanted society to value what we did at the university, but we were never trained to communicate with society. We also aimed at giving scientists faces other than that of the white, heterosexual man that most people imagined. We intended to discuss the gender biases in the academia, seeking ways to fight against them.

We knew that the challenges would be huge and that we would have to work hard to overcome them. After months of debate and ideas, Bate-Papo com Netuno [Chatting with Neptune] was launched in April 2015. We were surfing the crest of the wave when we suddenly fell into the trough. Criticism rained in on us, saying we were just whining about gender bias in academia. They accused us of 'scaring away the male audience'. We fought off each criticism with research and data that countered the attacks.

One of the most important outcomes from our work was a study, in partnership with researchers from the Federal University of Southern Bahia (UFSB), showing the harsh reality of psychological and sexual harassment against women who work at sea. This research, the first of its kind, was carried out in 2021 and heard from 260 people who work aboard vessels in Brazil, using online questionnaires. The result shows that four out of five women suffer harassment (sexual or psychological) when studying and working at sea, and 56 of them revealed that they have suffered sexual harassment. Only 18% had reported the harassment to the authorities. Many women simply give up their seafaring careers. Based on these data, we are preparing a guide to tackle harassment for women aboard vessels.

Through initiatives like this, we've been winning. We've increased our team of volunteers, created videos, podcasts and comic strips to promote our work. However, it often leaves us exhausted. We had to reconcile our careers with the unpaid work on the platform (not to mention housekeeping and motherhood duties). We've written projects to apply for funding and we received plenty of negative responses. We've drained all our energies with fundraising campaigns just to cover the basic costs of keeping the website up and running.

And we've kept going. And we haven't kept going alone. Over the years we have seen an increase in science communicators in Brazil and around the world. We've seen the emergence of various initiatives, including ones focused on women in science. Scientific dissemination has grown, but we still have to bridge the gap between scientists and the most diverse audiences, considering the essential role of the ocean in the planet's climate balance.

On top of that, one of the expected outcomes of the United Nations Decade of Ocean Science for Sustainable Development is for the ocean to be recognised and valued by everyone, a result closely linked to communication. Another term that is gaining prominence is Ocean Culture, the essence of which is to know and understand the influence of the ocean on us and our influence on the ocean.

In this quest to captivate people to create a connection with the sea, I realised that there was a target audience that was being largely overlooked: children. So I transformed my dog, Suvaco, into a character in six children's books, with the mission of bringing them closer to the ocean. I believe that the more people are educated about the oceans, the more they will respect the limits of marine ecosystems and their resources. That's why I let myself ride on the wave, enjoying the crests and learning from the troughs, always open to new convergences. And it may well be that by the time this text reaches you, my wave will have changed direction again. All I'm sure of is that it will keep salting things up wherever it goes.

O EMPODERAMENTO QUE VEM DE A(MAR)[1]

NUALA COSTA
SURFISTA, ATIVISTA FEMINISTA, ANTIRRACISTA E LGBTQIAP+, E IDEALIZADORA DO COLETIVO TODAS PARA O MAR (TPM)

Parece óbvio que mar e terra sejam dois universos com dinâmicas e vidas diferentes, mas na prática a teoria é outra.

O mar chegou antes de todas as minhas TPMs. Quando era criança, mergulhei pela primeira vez e no mar experimentei uma das maiores sensações de acolhimento que já tinha sentido. As dores lá de fora se silenciaram, e me senti imersa em paz e proteção.

Havia acabado de me mudar com a minha família para a Baía de Maracaípe, em Pernambuco. O mar se tornou um lugar familiar e seguro, e os mergulhos deram vez ao surfe. Por ser mulher, preta e bissexual, sofri muitos preconceitos desde o início no esporte. Minha trajetória profissional enfrentou muitos obstáculos, mas mesmo com as dificuldades, sentia que estava no caminho certo.

Sempre tive a sensação de que do mar vinha algo como um chamado, quase um convite para que eu fizesse parte dele. Por essa intuição, sabia que deveria fazer o que pudesse para responder a essa convocação – e me arrisquei de diversas formas por isso.

Em uma delas, me inscrevi para um campeonato de surfe do outro lado do Brasil, mesmo sem ter recursos para chegar lá. Peguei o avião de Recife até Curitiba, a cidade mais próxima. Pouco antes da decolagem, uma senhora do meu lado disse que tinha medo de voar. Nos demos as mãos e conversamos o voo todo. Quando desembarcamos, ela me deu o dinheiro de que eu precisava para chegar ao campeonato, em Matinhos, a duas horas de distância.

Esse gesto me deu certeza de que eu deveria estar ali, e essa sensação se fortaleceu quando, na segunda onda que peguei, um golfinho estava ao meu lado, surfando comigo. A moral dessa história é que eu ganhei o campeonato.

O mar é meu refúgio e meu colo. É o lugar onde consigo sentir calmaria e me conectar com as partes mais instintivas de quem sou. O Aaron, meu filho, também tem esse poder.

Tive ele aos 28 anos, quando já estava há muitos anos longe do surfe e do Brasil. Por todos os lugares que passamos no exterior, sempre fiz questão de escolher as cidades litorâneas para que ele criasse a própria conexão com o mar. Essa foi uma das razões que me trouxeram de volta para o Brasil, quando ele tinha três anos: queria que o Aaron sentisse o acolhimento do meu mar de pertencimento.

Quando voltei para Maracaípe, me deparei com a mesma situação pela qual havia passado anos antes: mulheres extremamente boas no esporte, mas sem oportunidades de se profissionalizar. Na comunidade, a maioria das mulheres são marisqueiras que vivem do mangue, grande parte mães pretas solo, e não têm outras opções. E encontrei um novo problema: a ausência das crianças nativas no mar.

Apenas 500 metros separam a praia do mangue. Mas com a expansão do turismo em Porto de Galinhas e o embranquecimento das praias na região, as crianças passaram a acompanhar a jornada de trabalho das mães, e fizeram do mangue o seu mar.

Ali, podiam se divertir e se sentir acolhidas sem os olhares hostis dos visitantes. Ter crianças pretas na praia incomoda o turismo branco que quer esconder a pobreza – como se os nativos fossem os intrusos, e não o contrário. Era como se o mar não fosse deles, como se não pudessem estar lá.

Em 2016, a TPM – Todas Para o Mar – nasceu para essas mulheres e crianças. Para que tivessem não só o mangue, mas também o mar como seu lugar de acolhimento e pertencimento. O surfe é a nossa ferramenta de transformação social. É a porta de entrada para trazer as crianças de volta para a praia. Eu renasci com a TPM, e vi mulheres e crianças renascerem também.

A TPM é uma rede de mulheres conectadas entre si através do mar. Desempenhamos diferentes papéis com um mesmo propósito. Acreditamos na força do movimento coletivo, da transformação social, da integração e do empoderamento. Nosso objetivo é incluir, educar e empoderar as mulheres e toda a juventude local para que possamos ampliar as possibilidades e os sonhos de cada um e cada uma. Queremos mostrar alternativas de vidas melhores. Queremos ver as mulheres que estão perto do mangue mergulhando no mar – afinal, são as mesmas águas, e estamos todas no mesmo oceano.

1. Texto por Amanda A.N. Thomasi.

O nome da TPM veio como uma visão. Com todas as sensações que o período da tensão pré-menstrual gera, sempre busco o mar para me acolher e me conectar. No mar, posso ligar as linhas que ficam soltas dentro de mim e organizar a cabeça e o coração. Em cima da prancha, em um desses dias em que o mar me abraçava, surgiu a TPM – Todas Para o Mar. O projeto já existia forte no meu coração e tive o *insight* de que precisava seguir essa intuição, e dar vida a esse movimento para as mulheres. Que bom que escutei!

Angela Davis disse uma frase que me toca muito. "Quando a mulher negra se movimenta, toda a estrutura da sociedade se movimenta com ela".

A importância da preservação do mangue e do mar vai muito além do meio ambiente. Quando cuidamos da nossa casa, cuidamos das pessoas e, com isso, tratamos o futuro com delicadeza.

Se existir outra vida depois dessa, e essa outra vida nos der um refúgio, vai ser no mar.

Sou uma mulher que coleciona renascimentos lindos nesse útero materno que é o mar, e uma TPM que acolhe, empodera e transforma.

Indicações

Para inspirar e sentir nosso movimento, recomendo o vídeo *(A)mar*, que fizemos para a Liga das Mulheres pelo Oceano, pois ele representa o acolhimento e o pertencimento das crianças nativas no mar.

THE EMPOWERMENT THAT COMES FROM LOVE (OF THE SEA)[1]

NUALA COSTA
SURFER, FEMINIST, ANTI-RACIST AND LGBTQIAP+ ACTIVIST, AND CREATOR OF THE TODAS PARA O MAR (TPM) COLLECTIVE

It seems obvious that sea and land are two universes with different dynamics and lives, but in reality, the theory is different.

The sea arrived before all my PMSs. When I was a child, I went diving in the sea for the first time and experienced one of the most embracing sensations I had ever felt. All outer pain was silenced, and I felt immersed in peace and protection.

I had just moved with my family to Maracaípe Bay in Pernambuco. The sea became a familiar and safe place, and diving gave way to surfing. As a black and bisexual woman, right from the start I suffered a lot of prejudice in the sport. Throughout my professional career I've had to overcome many obstacles, but despite the difficulties, I felt I was on the right path.

I always had the feeling that I was kind of being called by the sea, like an invitation for me to be part of it. Through this intuition, I knew I had to do whatever I could to respond to this call – and I took all sorts of risks to do that.

One of them was enrolling for a surf championship on the other side of Brazil, even though I couldn't afford to get there. I took a plane from Recife to Curitiba, the nearest city. Just before take-off, a lady sat next to me said she was afraid of flying. We held hands and chatted the whole flight. After landing, she gave me the money I needed to get to the championship in Matinhos, two hours away.

This gesture assured me that I was meant to be there, and that feeling was reinforced when, on the second wave I caught, a dolphin appeared by my side, surfing with me. The point of this story is that I won the championship.

The sea is my refuge and my cradle. It's where I can feel at peace and connect with the most instinctive parts of my being. My son, Aaron, also has this power.

He was born when I was 28, when I had been away from surfing and Brazil for several years. Everywhere we went abroad, I always made a point of choosing seaside towns so that he could create his own connection with the sea. That was one of the reasons why I moved back to Brazil when he was three: I wanted Aaron to feel the embrace of my sea of belonging.

When I returned to Maracaípe, I was faced with the same situation I had experienced years before: women who were extremely good at sport, but with no opportunities to turn professional. In the community, most of the women are shellfish gatherers who live off the mangroves, mainly black mothers, and they have no other options. And I came across a new problem: the absence of native children in the sea.

1. Text by Amanda A.N. Thomasi.

Only 500 metres separate the beach from the mangroves. But as a result of the tourism boom in Porto de Galinhas and the whitening of the local beaches, the children began to accompany their mothers' working hours and made the mangroves their sea.

There, they could have fun and feel welcome without hostile stares from visitors. Having black children on the beach bothers white tourists who want to hide poverty – as if the locals were the intruders, rather than other way round. It was as if the sea weren't theirs, as if they were not supposed to be there.

In 2016, TPM – Todas Para o Mar [All for the Sea] – was created for these women and children. So that they not only had the mangroves, but also the sea as their place of embrace and belonging. Surfing is our tool for social transformation. It's the gateway for getting children back to the beach. I was reborn with TPM, and I've seen women and children being reborn too.

TPM is a network of women connected to each other through the sea. We play different roles for one and the same purpose. We believe in the power of collective movement, social transformation, integration and empowerment. Our aim is to include, educate and empower women and all the local youth so that we can broaden the opportunities and dreams of each and every one of them. We want to show people alternatives for better lives. We want to see the women who are near the mangroves diving into the sea; after all, it is the same water, and we're all in the same ocean.

The name TPM came to me like a vision. With all the sensations caused by the period of premenstrual tension (TPM in Portuguese), I always seek the sea to embrace me and connect with me. In the sea, I can connect the loose threads inside me and sort out my head and heart. One of those days when I was on my board and the sea was embracing me, TPM – Todas Para o Mar was born. The project was already alive and kicking in my heart and I had the insight that I needed to follow this intuition and bring this movement for women to life. I'm so glad I listened!

Angela Davis said something that really touches me. 'When a black woman moves, the whole structure of society moves with her.'

The importance of preserving the mangroves and the sea extends far beyond the environment. When we take care of our home, we take care of people and so we treat the future with a delicate touch.

If there is another life after this one, and that other life gives us any refuge, it will be in the sea.

I'm a woman who collects beautiful rebirths in this maternal womb that is the sea, and a PMS that embraces, empowers and transforms.

Recommendations
For inspiration and to get a feeling of our movement, I recommend the video *(A)mar*, which we made for the Liga das Mulheres pelo Oceano [League of Women for the Ocean], because it portrays the embrace and belonging between native children and the sea.

ORA DOCE, ORA SALGADA, SOMOS ÁGUA

PILAR CAROLINA VILLAR
DOUTORA E MESTRE EM CIÊNCIA AMBIENTAL PELA UNIVERSIDADE DE SÃO PAULO (USP) E PROFESSORA DA UNIVERSIDADE FEDERAL DE SÃO PAULO (UNIFESP)

Minha história começa em Ribeirão Preto, onde nasci, cresci e só aos 19 anos descobri que a água da cidade vinha do Aquífero Guarani. Essa formação rochosa subterrânea se espraia sob oito estados do Brasil, além de parcelas da Argentina, Uruguai e Paraguai – e tem em Ribeirão Preto uma de suas áreas de recarga, ou seja, onde o solo permite que água infiltre em direção ao aquífero. A partir dessa surpresa, percebi que cidades fazem parte de sistemas naturais que ultrapassam limites administrativos, e entendi a importância das bacias hidrográficas e sua riqueza socioambiental.

Cursei Direito na Bacia do Sapucaí/Grande, ao lado do ribeirão Cubatão, na Faculdade de Direito de Franca. Peguei carona com os ventos e fui para a Bacia do Alto Tietê fazer pós-graduação, às margens do rio Pinheiros, onde me tornei mestre e doutora em Ciência Ambiental pela Universidade de São Paulo (USP), analisando os rumos da governança do Aquífero Guarani. De lá, desci a serra rumo à Bacia da Baixada Santista e desemboquei no mar. Em Santos, virei professora de direito ambiental, de gerenciamento de recursos hídricos e de perícia ambiental no Instituto do Mar da Universidade Federal de São Paulo (Unifesp). Ali sigo minha trajetória – pois cuidar das bacias hidrográficas é cuidar também dos mares e oceanos.

Nessa travessia, inspirada pela poesia de Cora Coralina, diria que a vida é mar, rio, aquífero, correnteza, remanso, naufrágio e barco. Minha paixão pela governança, governabilidade e gestão das águas nasce dessa múltipla compreensão. A água não tem fronteiras – é movimento, vida, resistência e resiliência. Sua origem é mistério. Cada molécula de H_2O tem a sua história, tendo passado por diversos estados físicos e reservatórios ao longo das eras geológicas. A água que hoje se encontra nos oceanos já correu por riachos ou rios caudalosos, repousou em lagos e pântanos, infiltrou-se nos solos e aquíferos, viajou com os ventos e as nuvens sob a forma de vapor, congelou nas geleiras ou fez parte dos seres vivos. Os oceanos dão água aos continentes e os continentes dão água ao mar. Isso acontece em um sistema fechado, que se renova de forma incansável, pois dele depende a vida na Terra. Sem água, a vida não floresce, economias não prosperam, alimentos não vingam, o desenvolvimento não acontece.

Águas doces, costeiras e oceânicas: tudo é água. Só mudaram de reservatório. A gestão integrada nos convida a pensar um modelo pautado no ciclo das águas. Elas perpassam múltiplas territorialidades, mas a da bacia hidrográfica é a que escolhemos para sua gestão. Esse recorte territorial é definido pelos rios e seus divisores de águas, abarcando tudo o que lá se encontra: ecossistemas, pessoas, cidades, campos, usos, conflitos.

Essa visão integrada enfrenta múltiplos desafios. A divisão entre águas doces, costeiras e oceânicas ignora sua interdependência. Falta conexão com setores cruciais, como meio ambiente, saneamento, agricultura e indústria. A gestão hídrica prioriza as águas doces superficiais – o que deixa a gestão de águas subterrâneas em segundo plano, a das águas estuarinas e costeiras no plano dos debates, e a das águas meteóricas fora de qualquer plano. Estamos longe de uma gestão integrada que garanta o bom estado das águas e de seus ecossistemas dependentes, e que compatibilize seus diversos usos.

Um passo relevante nesse sentido são os Comitês de Bacia Hidrográfica (CBHs), previstos nas leis de águas. Esses órgãos colegiados reúnem representantes do poder público, usuários e sociedade civil. No CBH da Baixada Santista, eu represento a Unifesp em uma das cadeiras da sociedade civil. Apesar das limitações, os comitês se tornaram fóruns importantes de discussão, permitindo a participação local em debates sobre planejamento e gestão hídrica.

Além de ensinar meus alunos sobre governança, gestão e direito do meio ambiente, trabalho com o setor público promovendo a discussão da gestão integrada das águas. Tenho uma década de parceria com a Agência Nacional de Águas e Saneamento Básico (ANA) desenvolvendo cursos sobre águas. Em 2023, fui consultora da Secretaria de Meio Ambiente, Infraestrutura e Logística do Estado de São Paulo (Semil), formulando instrumentos legais e infralegais dedicados à proteção das áreas de recarga do Aquífero Guarani. Em 2024, assumi um desafio ainda maior, com a Unesco, de realizar um diagnóstico jurídico-institucional da situação de todo o Aquífero Guarani.

Por mais que cada profissional escolha em quais águas prefere mergulhar, precisamos superar a fragmentação da gestão hídrica. Para ter uma praia limpa, é preciso tratar os rios. Para ter rios caudalosos, é preciso garantir seus aquíferos. A qualidade e quantidade da água dependem do tipo de ocupação da bacia. Minha trajetória se concentrou nas águas subterrâneas, tentando torná-las menos invisíveis e destacando sua importância para as cidades e os ecossistemas, incluindo os costeiros e marinhos.

A água não é só minha profissão. É meu alento, força e inspiração. Busco promover a visão de uma gestão integrada em minhas aulas, pesquisa e trabalho. Tenho mais derrotas que vitórias. Porém, como as águas subterrâneas, com fluxo muito lento por entre os poros da rocha, sigo, devagar, rumo ao mar.

Leads

Cuidar das águas doces é cuidar dos mares e oceanos.

A gestão integrada das águas nos convida a pensar uma gestão pautada no ciclo das águas.

A água é um assunto de toda a sociedade, que deve lutar por sua proteção, preservação e recuperação.

Para saber mais

Vídeo: *A lei das águas do Brasil.*

Vídeo: *O ciclo da água.*

FRESH OR SALTY, WE ARE WATER

PILAR CAROLINA VILLAR
PHD AND MASTER IN ENVIRONMENTAL SCIENCE FROM USP AND PROFESSOR AT UNIFESP (UNIVERSIDADE FEDERAL DE SÃO PAULO)

My story begins in Ribeirão Preto, where I was born, grew up and, only at the age of 19, discovered that the city's water came from the Guarani Aquifer. This underground rock formation sprawls under eight Brazilian states, as well as parts of Argentina, Uruguay and Paraguay – and Ribeirão Preto is one of its recharge areas, that is, where the soil allows water to seep into the aquifer. This surprising revelation led me to realise that cities are part of natural systems that go beyond administrative boundaries, and I understood the importance of river basins and their socio-environmental richness.

I studied law in the Sapucaí/Grande basin, next to the Cubatão stream, at the Franca Law School. I hitched a lift with the winds and went to the Alto Tietê Basin to do my postgraduate studies, on the banks of the Pinheiros River, where I became a master and doctor in Environmental Science at the University of São Paulo (USP), analysing the governance of the Guarani Aquifer. From there, I headed downhill towards the Baixada Santista basin and came out at the sea. In Santos, I became a professor of environmental law, water management and environmental surveying at the Federal University of São Paulo Institute of the Sea (Unifesp). And there my journey continues – because taking care of the river basins also means taking care of the seas and oceans.

On this journey, inspired by the poetry of Cora Coralina, I would say that life is sea, river, aquifer, current, backwater, shipwreck and boat. My passion for water governance, governability and management stems from this multiple understanding. Water has no borders – it is movement, life, resistance and resilience. Its origin is a mystery. Each H_2O molecule has its own history, having passed through various physical states and reservoirs over the geological eras. The water found in the oceans today has already flowed through gushing streams and rivers, rested in lakes and swamps, seeped into soils and aquifers, travelled with the winds and clouds in the form of steam, frozen in glaciers or been part of living beings. The oceans give water to the continents and the continents give water to the sea. This happens in a closed system which is tirelessly renewed, as life on Earth depends on it. Without water, life doesn't flourish, economies don't thrive, food doesn't grow and development doesn't take place.

Fresh, coastal and ocean waters: they are water. They just moved reservoir. Integrated management asks us to conceive a model based on the water cycle. They cut across multiple territorialities, but the river basin is the one we have chosen for their management. This territorial cross-section is defined by the rivers and their watersheds, encompassing all that is found there: ecosystems, people, cities, fields, uses and conflicts.

This integrated vision faces several challenges. The division between fresh, coastal and ocean waters ignores their interdependence. There is a disconnect from crucial sectors such as the environment, sanitation, agriculture and industry. Water management prioritises fresh surface waters, putting the management of groundwater on the back burner, pushing that of estuarine and coastal waters into the sphere of debates, and that of meteoric waters completely out of the picture. We are a long way from an integrated management that guarantees the health of the waters and of the ecosystems that depend on them, and that accommodates their various uses.

An important step in this direction is the establishment of the River Basin Committees (CBHs), provided for in the water laws. These collegiate bodies bring together representatives of the public authorities, users and civil society. In the Baixada Santista CBH, I represent UNIFESP in one of the civil society seats. Despite their limitations, the committees have become important forums that allow local participation in debates on water planning and management.

As well as teaching my students about environmental governance, management and law, I work with the public sector to promote the discussion of integrated water management. I have enjoyed a decade-long partnership with the National Water and Sanitation Agency (ANA) developing courses about the waters. In 2023, I was a consultant for the São Paulo State Department for the Environment, Infrastructure and Logistics (SEMIL), formulating legal and infra-legal instruments dedicated to protecting the recharge areas of the Guarani Aquifer. In 2024, I took on an even greater challenge with UNESCO to carry out a legal-institutional diagnosis of the situation of the entire Guarani Aquifer.

As much as each professional chooses which waters they prefer to dive into, we need to overcome the fragmentation of water management. To have clean beaches, we must treat the rivers. To have flowing rivers, we must secure their aquifers. The quality and quantity of the water depend on the how the basin is occupied. My journey has focused on groundwater, trying to give it greater exposure and highlighting its importance for the cities and ecosystems, including coastal and marine environments.

Water is not just my profession. It is my breath, strength and inspiration. I seek to foster a vision of integrated management in my classes, research and work. I have had more defeats than victories. But like the groundwater, trickling through the pores of the rock, I'm slowly making my way towards the sea.

Leads

Caring for fresh waters means caring for the seas and oceans.

Integrated water management invites us to conceive a management based on the water cycle.

Water is a matter for all society, which must fight for its protection, preservation and recovery.

Find out more

Video: *A lei das águas do Brasil* [Brazil's Water Law].

Video: *O Ciclo da Água* [The Water Cycle].

O ENCONTRO DA AREIA, DA ÁGUA E DO CÉU

LUCIANA YOKOYAMA XAVIER
OCEANÓGRAFA E PESQUISADORA DE GESTÃO E GOVERNANÇA COSTEIRA E MARINHA

Vamos a um lugar onde o barulho das ondas te leva para longe
Onde "até onde a vista alcança" é horizonte
Onde a brisa traz o cheiro do mar salgado, e às vezes de um bom pastel
Onde o mar beija a terra, ora cobrindo, ora revelando um mundo sob as águas
Um lugar que está em risco de nos ser tomado.

Se você pensou "praia", estamos no mesmo lugar. Existem diferentes tipos de praias, formadas por rochas, conchas, pedras e até vidro, mas arrisco chutar que você pensou em uma praia arenosa, que é o tipo que temos no Brasil. Nossa memória afetiva do mar costuma refletir cenas com castelos ou buracos na areia, baldinhos e pazinhas coloridas, pegadas sendo apagadas pelas ondas.

As praias arenosas são áreas na costa onde a terra encontra o mar e o movimento das marés e ondas espalha as areias, delineando diferentes feições. Cerca de um terço das regiões costeiras do mundo é desse tipo.[1]
No Brasil, elas são patrimônio público, ou seja, todas as pessoas têm o direito de acessá-las livremente. Como uma espécie de porta de entrada para o mar, muitas vezes as praias são o lugar onde acontece o primeiro contato com o oceano. Elas são importantes para a relação entre o oceano e a sociedade, ajudando a moldar a cultura oceânica.

Nos mais de 10 mil quilômetros de linha de costa do Brasil, há mais de duas mil praias arenosas ocupando cerca de 82.778 hectares.[2] Elas são um dos principais cartões-postais do país e o destino de milhares de famílias, brasileiras e estrangeiras, em busca de lazer, diversão, saúde e descanso. São praias de ondas fortes, fracas, médias; de areia fina, grossa, fofa, firme; de águas quentes ou geladas, claras ou escuras, azuis ou verdes; cercadas por falésias, montanhas, florestas, dunas, piscinas naturais, costões rochosos, rios; são praias urbanas, rurais, desertas ou densamente ocupadas. Uma diversidade que atende aos mais diversos gostos.

Apesar de amplamente usadas para lazer e turismo, as praias nos trazem muitos outros benefícios – os chamados serviços ecossistêmicos, que recebemos diretamente da natureza. Elas protegem o continente de eventos como ondas e marés gigantes, ou tempestades oceânicas; são fontes de recursos alimentares e matérias-primas como conchas e substâncias para a indústria farmacêutica; sustentam uma grande biodiversidade e cadeias alimentares marinhas e terrestres; atuam na purificação da água e na ciclagem de nutrientes; e influenciam o clima local. Além disso, estão profundamente ligadas à sociedade, inspirando tradições culturais e religiosas.

Apesar de toda essa importância, as praias estão sob ameaça iminente. Corremos o risco de perder esses preciosos bens. Dos 415 mil hectares de praias, dunas e areais que existiam no Brasil em 1985, perdemos cerca de 70 mil hectares até 2020.[3] Essa perda está ligada à substituição de áreas naturais por áreas construídas, à crise climática e à ineficiência de políticas públicas para a conservação.

À medida que mais e mais pessoas buscam ficar próximas do oceano, a costa é ocupada por grandes empreendimentos imobiliários e infraestruturas urbanas que alteram o litoral e interferem na dinâmica costeira. E além dos problemas relacionados à supressão de áreas naturais, a ocupação inadequada das zonas costeiras traz problemas relacionados à poluição por lixo e resíduos, que afeta a qualidade das praias e a saúde dos organismos que dependem dela. O lixo no mar, um sintoma da nossa sociedade de consumo, se espalha por praias urbanizadas ou desertas a partir das cidades, levado por rios que deságuam no mar, ou por meio de atividades desenvolvidas no oceano, como a navegação – seja para pesca, transporte de carga ou turismo – e instalações de grande porte, como portos e plataformas longe da costa.

Com as mudanças climáticas, um número cada vez maior de tempestades e ondas fortes devasta nossas costas e erode nossas praias, que, aprisionadas entre a subida do mar e as construções no litoral, não têm espaço para onde migrar, se ajustar e restabelecer. Muitas praias brasileiras já apresentam problemas de erosão – que serão agravados nos próximos anos. E não apenas isso: os efeitos das mudanças climáticas também devem aumentar a magnitude dos impactos da urbanização e da poluição.

Agravando a situação, nossas políticas públicas não são eficazes na conservação e proteção de nossas praias. Temos 40% das áreas de praias, dunas e areais inseridas em unidades de conservação,[4] mas muitas delas não foram protegidas de fato e carecem de ações efetivas para resguardar seus ecossistemas. Em 2019, o maior vazamento de petróleo da costa brasileira chamou a atenção para a frágil situação de nossas praias e das comunidades costeiras, sendo combatido de forma lenta e descoordenada pelas autoridades responsáveis. Mais recentemente, o próprio acesso às praias vem sendo ameaçado, com propostas de leis em discussão que propõem privatizar o que é um bem de uso comum em favor de particulares e empreendimentos turísticos excludentes.

E o que fazer? Precisamos lutar por nossas praias, olhar para elas, e chamar mais pessoas para fazer o mesmo. E, para isso, continuar descobrindo e valorizando as suas riquezas.

Da próxima vez que você for à praia, tente ir ao fim do dia, em especial se for uma praia que brilha no escuro. Esse fenômeno ocorre nas águas que reúnem pequenos organismos capazes de emitir luz, dando um brilho azul fluorescente às ondas quebrando sobre a areia. Sempre me encanto quando o sol se põe e o escuro da noite nos permite descobrir mais essa beleza escondida em nossas praias.

A onda do mar leva
A onda do mar traz
Quem vem pra beira da praia, meu bem
Não volta nunca mais
("Quem vem pra beira do mar", Dorival Caymmi)

Para saber mais

1. A canção "Quem vem pra beira do mar", acima citada, interpretada por Adriana Calcanhotto pode ser acessada no QRCode, bem como a discografia da cantora relacionada ao oceano.

2. A edição especial do podcast Submerso sobre "Mulheres e o mar" está em:

1 Luijendijk, A. *et al.* 2018. The State of the World's Beaches. *Scientific Reports*, 8:1-11.

2 Prates, A.P.L.; Gonçalves, M.A.; Rosa, M.R. 2012. *Panorama da conservação dos ecossistemas costeiros e marinhos no Brasil.* 2ª. ed. Brasília: MMA.

3 Projeto MapBiomas – Mapeamento Anual de Cobertura e Uso da Terra do Brasil – Coleção 6. Disponível em https://mapbiomas-br-site.s3.amazonaws.com/MapBiomas_Zona_Costeira_Outubro_2021_30102021_OK.pdf.

4 Prates, A.P.L.; Gonçalves, M.A.; Rosa, M.R. 2012. *Op. cit.*

WHERE THE SAND, WATER AND SKY MEET

LUCIANA YOKOYAMA XAVIER
OCEANOGRAPHER AND RESEARCHER IN COASTAL AND MARINE MANAGEMENT AND GOVERNANCE

Let's go to a place where the sound of the waves carries you afar
Where 'as far as the eye can see' is the horizon
Where the breeze brings the smell of the salty sea, and sometimes of a good fried pasty
Where the sea kisses the shore, now covering, now revealing an underwater world
A place that is in danger of being taken from us.

If you thought 'beach,' then we're at the same place. There are different types of beaches, formed by rocks, shells, pebbles and even glass, but I would hazard a guess that you thought of a sandy beach, which is the type we have in Brazil. Our emotional memory of the sea tends to reflect scenes with sandcastles or holes dug in the sand, colourful buckets and spades, footprints being erased by the waves.

Sandy beaches are coastal areas where the land meets the sea and the movement of the tides and waves scatters the sand, defining different features. Around a third of the world's coastal regions are of this type.[1]

In Brazil, they are public property, meaning that everyone has the right to freely access them. Like a kind of gateway to the sea, beaches are often the place where people enjoy their first contact with the ocean. They play an important part in the relationship between the ocean and society, helping to shape ocean culture.

Along the more than 10,000 kilometres of Brazilian coastline, there are over 2,000 sandy beaches covering roughly 82,778 hectares.[2] They represent one of the country's main picture postcards and the destination of thousands of families, both Brazilian and foreign, in search of leisure, fun, health and relaxation. These beaches might have strong, weak or average waves; fine, coarse, soft or firm sand; warm or icy, clear or dark, blue or green waters; surrounded by cliffs, mountains, forests, dunes, natural pools, headlands, rivers; they might be urban, rural, deserted or densely occupied. A diversity that caters for the most diverse tastes.

Although widely used for leisure and tourism, beaches bring us several other benefits – the so-called ecosystem services that we receive directly from nature. They protect the land from events such as giant waves and tides, or ocean storms; they are a source of food resources and raw materials such as shells and substances for the pharmaceutical industry; they sustain great biodiversity and marine and terrestrial food chains; they act in water purification and nutrient cycling; and they influence the local climate. They are also deeply connected to society, inspiring cultural and religious traditions.

Despite all this importance, the beaches are under imminent threat. We are running the risk of losing these precious assets. Of the 415,000 hectares of beaches, dunes and sandy areas that had existed in Brazil in 1985, we lost around 70,000 hectares by 2020.[3] This loss is related to the replacement of natural areas by built-up areas, the climate crisis and the inefficiency of public conservation policies.

As more and more people seek to live near the ocean, the coast is increasingly occupied by large property developments and urban infrastructures that reshape the coastline and interfere with coastal dynamics. In addition to the issues associated to the suppression of natural areas, the inappropriate occupation of coastal zones brings problems related to pollution by garbage and waste, which affects the quality of the beaches and the health of the organisms that depend on them. Garbage in the sea, a symptom of our consumer society, spreads to urbanised or deserted beaches from the cities, transported by rivers that flow into the sea, or through ocean activities, such as seafaring – be it for fishing, shipping or tourism – and major installations such as ports and offshore platforms.

With climate change, an increasing number of storms and strong waves are devastating our coastlines and eroding our beaches, which, trapped between the rising sea and the buildings on the coast, have nowhere to migrate, adjust and re-establish themselves. Many Brazilian beaches are already displaying erosion problems, which will be exacerbated in the coming years. Moreover, the effects of climate change are likely to amplify the impacts of urbanisation and pollution.

To make matters worse, our public policies are ineffective in the conservation and protection of our beaches. Forty per cent of our beaches, dunes and sandy areas are in protected areas,[4] but many of them have been deprived of real protection and effective action to safeguard their ecosystems. In 2019, the fragile situation of our beaches and coastal communities came to the fore due to the largest ever oil spill off the Brazilian coast, which was tackled in a slow and uncoordinated manner by the responsible authorities. More recently, access to beaches has come under threat, laws being proposed to privatise that which is a common good to the benefit of private individuals and exclusionary tourist developments.

What can be done? We need to fight for our beaches, look after them, and call on more people to do the same. And to this end, we must continue to discover and give value to their riches.

The next time you visit a beach, try to go at the end of the day, especially if it's a beach that glows in the dark. This phenomenon occurs in waters that gather small organisms capable of emitting light, giving a fluorescent blue glow to the waves breaking on the sand. It always delights me when the sun go down and the dark of night reveals this phenomenon – yet another hidden beauty on our beaches.

The sea wave takes away
The sea wave brings back
Whoever comes to the beach, my dear
They'll never go back
('Quem vem pra beira do mar,' Dorival Caymmi)

Find out more

1. The aforementioned song 'Quem vem pra beira do mar,' performed by Adriana Calcanhotto and the singer's entire ocean-related discography are available at:

2. The special edition of the podcast Submerso 'Mulheres do mar' [Women of the Sea] is available at:

1 Luijendijk, A. *et al.* 2018. The State of the World's Beaches. *Scientific Reports*, 8:1–11.

2 Prates, A.P.L.; Gonçalves, M.A.; Rosa, M.R. 2012. *Panorama da conservação dos ecossistemas costeiros e marinhos no Brasil*. 2nd ed. Brasília: Ministério do Meio Ambiente e Mudança do Clima (MMA).

3 Projeto MapBiomas – Mapeamento Anual de Cobertura e Uso da Terra do Brasil – Coleção 6. Available at https://mapbiomas-br-site.s3.amazonaws.com/MapBiomas_Zona_Costeira_Outubro_2021_30102021_OK.pdf

4 Prates, A.P.L.; Gonçalves, M.A.; Rosa, M.R. 2012. *Op. cit.*

NAVEGANDO NAS ESTRADAS DO BRASIL, COM ARTE, CIÊNCIA E AMOR AO MAR

DIULIE TAVARES
ENGENHEIRA AMBIENTAL, ARTISTA E EDUCADORA, FUNDADORA DO PROJETO SOMOS DO MAR

De uma utopia, em 2017, meu companheiro e eu criamos o Somos do Mar. Um projeto itinerante de educação ambiental, voltado à conservação do oceano, que une arte e ciência. Hoje, moramos em uma casa sobre rodas, que às vezes parece um barco, por ser de fibra de vidro, interior amadeirado e balançar tanto quanto: a Jandira, nossa Furgline 1990. Além de Rafael e eu, temos mais um tripulante, o Costelinha, um vira-latinha legítimo que ama os milhares de quintais por que passamos. Foi em 2019, por meio de financiamento coletivo, que caímos na estrada. Com a pausa da pandemia e alguns desvios, já rodamos do Rio Grande do Sul à Bahia, e mais de 33 mil pessoas participaram diretamente de nossas ações. Ainda não sabemos aonde vamos parar, mas estamos a percorrer todo o imenso litoral brasileiro até a foz do rio Amazonas, levando nossas atividades gratuitas a comunidades, escolas e instituições. Como qualquer outro caminho, é cheio de altos e baixos – contudo, a estrada é uma escola fantástica, e percorrê-la tem sido nada menos que encantador! Seguimos guiados pelo coração, vivendo experiências que transcendem tempo e espaço. Tudo é muito intenso, do trabalho ao dia a dia em nossa pequena casa rodante de 6 m².

Formei-me engenheira ambiental, pensando em trabalhar pelo meio ambiente. Contudo, atuando com licenciamento ambiental, dentro e fora de um órgão público, o número de coisas erradas que via embrulhava-me o estômago. Um dia, durante um mergulho, chorei vendo tanta vida resistindo, sabendo que naquele verão o esgoto havia vazado com força na praia. A cada experiência que eu vivia, ficava mais evidente a necessidade de uma educação ambiental que tocasse, de fato, as pessoas. Que fosse amorosa e criativa. Passado um tempo, mergulhei para resgatar uma tartaruga marinha enroscada em uma linha de pesca. Nesse dia, na volta para casa, a luz do fim da tarde bateu diferente na janela do carro; em perfeita sincronia, uma música no rádio começou a tocar e um estado de total presença tomou conta de mim. No mesmo momento eu soube: você vai fazer algo a respeito! Abracei minha intuição e passei a sonhar com meu companheiro, que é oceanógrafo. E, assim, o Somos do Mar nasceu.

Na busca por maneiras de acessar as pessoas, nos conectamos com o teatro e o circo. Minha personagem Marina apareceu em um sonho e assim começamos de forma orgânica. Em seguida, sentimos necessidade de estudar, e passamos a fazer todos os cursos de circo e teatro que apareciam. Para completar, encontramos um diretor que nos guiou pela mão para um novo mundo que se abriu à nossa frente; foi quando estreamos nosso primeiro espetáculo.

Desde então, a cada apresentação, temos a confirmação da potência da arte em tratar de temas delicados com leveza, cultivando esperança. De acessar primeiro o coração, o sentimento das pessoas, para então alcançar o inteligível, o racional; e assim sensibilizar, para que cada indivíduo conscientize a si mesmo e faça parte da mudança que busca.

Acreditamos numa educação transformadora e emancipatória, logo optamos por mediar vivências lúdicas, permeadas por conhecimento técnico-científico. Além do espetáculo de teatro e circo, levamos na bagagem livros infanto-juvenis de nossa autoria, atividades para crianças e oficinas para educadores, e talvez estas últimas sejam as ações mais importantes dessa jornada, por seu poder multiplicador. Lá atrás, tivemos o impulso de viajar – mas foi na prática que vimos o quão valioso é trabalhar com pessoas, projetos e profissionais diferentes a cada quilômetro. Às vezes, os ânimos baixam, e é na beleza desse Brasil oceânico, biodiverso e multicultural que nos nutrimos; para então distribuirmos essa energia por onde passarmos. O nosso fazer artístico também permite uma caminhada mais leve, apesar de tudo.

A arte tem o poder extraordinário de permear espaços, atravessando barreiras de idade e cultura. Pode-se reunir crianças e idosos, sujeitos com formação acadêmica e aqueles com formação da vida. Pessoas universitárias, ribeirinhas, empresárias, quilombolas, assentadas, trabalhadoras de todos os meios podem rir da mesma cena. E podem se emocionar e aprender umas com as outras. É nessa troca que nos reconhecemos humanos e nos fortalecemos!

Por fim, trata-se da reconexão com a nossa própria natureza. E nessa reconexão, a arte e as mulheres são essenciais. Ambas estimulam o sentir, o cuidado e são capazes de movimentar grandes transformações com sutileza. Com o modo de vida atual, ficamos racionais, esquecemos de valorizar nossa intuição e conexão com o sensível. Mas são essas peças que podem estar faltando para mergulharmos de vez em um mundo que colabora, ao invés de competir; que acolhe, em vez de julgar; que respeita o tempo das coisas, os ciclos naturais, e não corre para lugar algum baseando-se em uma cultura de medo e escassez. Afinal o feminino é abundante, assim como a Terra. E quiçá o oceano seja seu grande útero, de onde há de nascer uma nova humanidade! Que utopia!

E tudo bem, as utopias são assim mesmo. Servem para que continuemos caminhando. E isso basta.

Saiba mais

Acesse nosso site: www.somosdomar.com.

Acompanhe o projeto nas redes sociais: @projetosomosdomar

Livros

Kleon, A. 2013. *Roube como um artista: 10 dicas sobre criatividade*. Rio de Janeiro: Rocco.

Gilbert, E. 2015. *A grande magia: vida criativa sem medo*. São Paulo: Objetiva.

Tavares, D. 2020. *Mar de soluções: o livro*. Joinville: Manuscritos.

NAVIGATING THE STREETS OF BRAZIL WITH ART, SCIENCE AND LOVE OF THE SEA

DIULIE TAVARES

ENVIRONMENTAL ENGINEER, ARTIST AND EDUCATOR, FOUNDER OF THE SOMOS DO MAR PROJECT

From a utopia, in 2017, my partner and I created Somos do Mar [We are of the Sea]. This itinerant environmental education project brings art and science together to promote ocean conservation. We now live in a house on wheels, which sometimes looks like a boat because it's made of fibreglass, has a wooden trim interior and rocks like it's on water: our 1990 Ford Furgline, Jandira. Joining Rafael and me, we have one more crew member, Costelinha, a little mongrel who loves the thousands of backyards we go through. In 2019, thanks to a crowdfunding initiative, we hit the road. With the pause during the pandemic and a few detours, we have driven from Rio Grande do Sul to Bahia, and more than 33,000 people have partaken directly in our actions. We don't know where we'll end up yet, but we're travelling along the entire vast Brazilian coastline to the mouth of the Amazon River, taking our free activities to communities, schools and institutions. Like any other path, it's full of ups and downs – but the road is a fantastic school, and our journey on it has been nothing short of enchanting! We push on guided by our hearts, living through experiences that transcend time and space. Everything is very intense, from work to everyday life in our little 6 m^2 home on wheels.

I graduated as an environmental engineer with the idea of working for the good of the environment. However, working in environmental licensing, on the inside and outside of a public agency, the number of wrong things I used to see made my stomach churn. One day I was out snorkelling and cried when I saw so much life fighting for survival, as I knew of the extreme levels of sewage that had spilled out onto the beach that summer. With every experience I had, it became clearer that there was a need for an environmental education that would actually touch people. One that were loving and creative. After a while, I went on a dive to rescue a sea turtle tangled up in a fishing line. That day, on the way home, the late afternoon sunlight hit the car window differently; in perfect synchrony, a song started playing on the radio and a state of total presence came over me. At that moment I knew: you're going to do something about this! I embraced my intuition and started dreaming about my partner, who is an oceanographer. And that is how Somos do Mar was born.

As we sought ways to reach out to people, we connected with theatre and the circus. My character Marina appeared in a dream and so we began organically. Then we felt the need to study, and started taking all the circus and theatre courses that we could find. To top it all off, we found a director who led us by the hand into a new world that opened up before us; that was when we premiered our first show. Since then, each performance has confirmed to us the power of art to deal with delicate issues in a light-hearted way, nurturing hope. By first touching people's hearts, their feelings, and then reaching the intelligible, the rational, we sensitise people, so that each individual becomes aware of themselves and part of the change they seek.

We believe in a transformative and emancipatory education, so we chose to mediate playful experiences, permeated by technical-scientific knowledge. As well as the theatre and circus shows, we also bring our own children's books, activities for children and workshops for educators, and perhaps the latter are the most important actions of this journey because of their multiplying power. In the beginning, we had the get-up-and-go to travel – but it was in practice that we realised how valuable it is to work with different people, projects and professionals every kilometre of the way. Sometimes our spirits might drop, and it's in the beauty of this oceanic, biodiverse and multicultural Brazil that we are nourished, to then distribute this energy wherever we go. Our artistic endeavours also afford us a lighter journey, despite everything.

Art has the extraordinary power to pervade spaces, crossing barriers of age and culture. It can bring together children and the elderly, people with academic training and those with life training. University students, river dwellers, businesswomen, members of quilombola communities, resettlers, and workers from all walks of life can laugh at the same scene. And they might be moved, and learn from each other. It's in this exchange that we recognise ourselves as human and grow stronger!

Finally, it's about reconnecting with our own nature. And in this reconnection, art and women are essential. Both stimulate our feelings and care; and both can bring about major transformations with subtlety. With today's way of life, we've become overly rational, forgetting to value our intuition and connection with the sensory. But it is these pieces that may be missing if we are to plunge once and for all into a world that collaborates rather than competes; that welcomes rather than judges; that respects the time of things, natural cycles, and doesn't rush anywhere based on a culture of fear and scarcity. After all, the feminine is abundant, just like the Earth. And perhaps the ocean may be its great womb, from which a new humanity will surely be born! What a utopia!

And that's fine, that's the point of utopias: to keep us walking. And that's enough.

Find out more

Visit our website: www.somosdomar.com.

Follow the project on social media: @ projetosomosdomar.

Books

Kleon, A. 2013. *Roube como um artista: 10 dicas sobre criatividade.* Rio de Janeiro: Rocco.

Gilbert, E. 2015. *A grande magia: vida criativa sem medo.* São Paulo: Objetiva.

Tavares, D. 2020. *Mar de soluções: o livro.* Joinville: Manuscritos.

VOCÊ VIVE NO MUNDO DA LUA, LETÍCIA? NÃO, EU VIVO NO MEIO DO MAR!

LETÍCIA COTRIM DA CUNHA
PROFESSORA DOUTORA, OCEANÓGRAFA E PESQUISADORA DA UNIVERSIDADE DO ESTADO DO RIO DE JANEIRO (UERJ)

Era uma vez, em Brasília e depois na Cidade Maravilhosa, uma garota chamada Letícia, que adorava assistir ao seriado de Jacques Cousteau na televisão, lá pelos anos 1970 e 1980. Quando chegou a hora de definir o meu rumo, descobri o curso de Oceanografia na Universidade do Estado do Rio de Janeiro (Uerj). Me pareceu fascinante! Eu já estava nadando no mar há muito tempo, só não sabia disso ainda.

Entrei para a graduação em 1990. Muita matemática, física, química, biologia e geologia. Juntar essas disciplinas para entender os oceanos é fantástico. Há momentos em que eu me desligo completamente do mundo para estudar e me perguntar onde estou com a cabeça... Na época da graduação, a carreira de cientista parecia algo muito distante, ao alcance de poucos felizardos. Mas eu sabia que queria estudar processos em oceano aberto e, se possível, também no Oceano Austral.

Entre aquela época e hoje, passou-se uma vida. Calmaria, bom tempo, borrascas e vagalhões... Certa vez, minha mãe disse que os barcos estão mais seguros no porto, mas não foram feitos para isso. Fiz mestrado em Geoquímica na Universidade Federal Fluminense, doutorado em Perpignan, na França, e fui pesquisadora temporária no pós-doutorado na França e na Alemanha.

Tempos depois, retornei à Uerj, como professora adjunta. Depois de 16 anos vivendo fora, conheci pesquisadores brasileiros de outras instituições com um interesse em comum – a nossa palavra-chave: acidificação do oceano.

A acidificação é estudada e prevista já há algum tempo. No final da década de 1950, dois pesquisadores do Instituto Oceanográfico Scripps, na Califórnia (EUA), Roger Revelle e Hans Suess, fizeram cálculos e previsões detalhadas sobre qual o efeito na química da água do mar decorrente do aumento da concentração de dióxido de carbono (CO_2) na atmosfera. Na mesma época, iniciou-se a medição da concentração desse gás no Observatório de Mauna Loa, no Havaí. É bom lembrar que o efeito estufa na atmosfera já é conhecido desde meados do século XIX, e foi descrito por John Tyndall, Eunice Foote e Joseph Fourier. A partir dessas descobertas, no final do século XIX, Svante Arrhenius calculou o efeito do aumento da concentração de CO_2 – um dos gases do efeito estufa – na temperatura média do planeta.

Que viagem! Sim, mas esse pequeno desvio na minha história foi de propósito. Vamos voltar ao oceano e à acidificação. Sem recorrer a cálculos sofisticados, imaginemos um planeta com 71% da sua superfície coberta pelo oceano. É tanta água que sua representação em números nem caberia em uma linha – são sextilhões de litros, e cerca de 97% de toda a água líquida que existe na Terra.

Imaginem essa imensidão de água em contato com uma atmosfera que vem tendo sua composição e temperatura alteradas desde o começo da Revolução Industrial, há mais de 200 anos? Ela mudará junto, concorda?

A água do oceano absorve boa parte do excesso de calor da atmosfera, e cerca de 25% do CO_2 produzido pelo homem, todos os anos. As plantas terrestres se encarregam de absorver outros 25% e os 50% restantes vão se acumulando na atmosfera. O acúmulo incrementa o efeito estufa e, consequentemente, a temperatura. E o CO_2 em excesso que vai parar no oceano acaba por mudar a sua química, diminuindo o pH (um jeito de medir a acidez) da água do mar.

Viram como é fácil me distrair? Eu penso o tempo todo nesses números para preparar e dar aulas e para analisar os resultados de projetos de pesquisa. Por isso tem gente que acha que eu vivo no mundo da Lua. Mas é no meio do oceano mesmo! Sabemos muito pouco sobre a velocidade da acidificação em águas brasileiras, costeiras e oceânicas. Essa preocupação deu origem à Rede Brasileira de Pesquisa em Acidificação dos Oceanos (BrOA), em 2012. A rede conta com membros em várias instituições de pesquisa no Brasil, e eu me orgulho muito de fazer parte dela desde o início. E já que sabemos muito pouco, precisamos observar mais, a longo prazo, para entender o comportamento do oceano no futuro incontornável das mudanças climáticas.

A pesquisa no mar, embarcada em navios grandes ou pequenos, me encanta. O trabalho a bordo é sempre muito duro e pode ser longo, mas me sinto à vontade. Eu sinto falta do mar o tempo todo. Uma das maneiras que descobri para ir ao encontro do oceano é a fotografia. Paisagens marinhas são o meu tema favorito, e observe que existe o que eu chamo de "Música do Mar Brasileira" dentro da música popular brasileira. Equilibrar minhas personas de artista e cientista é um caminho sem volta.

Como última mensagem, peço que apoiem sempre os seus amigos e familiares – em especial as mulheres – que estão navegando as águas do presente e do futuro, nosso legado para as próximas gerações.

DO YOU LIVE WITH YOUR HEAD IN THE CLOUDS, LETÍCIA? NO, I LIVE WITH MY HEAD OUT AT SEA!

LETÍCIA COTRIM DA CUNHA
PROFESSOR, OCEANOGRAPHER AND RESEARCHER AT THE STATE UNIVERSITY OF RIO DE JANEIRO (UERJ)

Once upon a time, in Brasília and then in the *Cidade Maravilhosa*, Rio de Janeiro, there was a girl called Letícia who loved watching the Jacques Cousteau television series in the 1970s and 1980s. When the time came to decide which path to take, I discovered the Oceanography course at the State University of Rio de Janeiro (UERJ). It sounded fascinating! I'd already been swimming in the sea for a long time, I just didn't know it yet.

I started my undergraduate degree in 1990. Lots of maths, physics, chemistry, biology and geology. Bringing these subjects together to understand the oceans is fantastic. There are times when I completely switch off from the world to study and wonder what I'm thinking... When I was an undergraduate, a career as a scientist seemed a long way off, only within the reach of the lucky few. But I knew I wanted to study processes in the open ocean and, if possible, in the Southern Ocean.

It seems a lifetime has passed since then. Calm waters, good weather, squalls and storm surges... My mum once said that boats are safer in the harbour, but that's not what they were made for. I did a master's degree in Geochemistry at the Fluminense Federal University, a doctorate in Perpignan, France, and was a temporary post-doctoral researcher in France and Germany. Later, I returned to UERJ as an associate professor.

After 16 years of living abroad, I have met Brazilian researchers from other institutions with a common interest, our keyword: ocean acidification.

Acidification has been studied and predicted for some time. In the late 1950s, two researchers from the Scripps Oceanographic Institution in California, Roger Revelle and Hans Suess, made detailed calculations and predictions about the effect of increased atmospheric carbon dioxide (CO_2) on seawater chemistry. Around the same time, the Mauna Loa Observatory in Hawaii began to measure the concentration of this gas. Let's not forget that the greenhouse effect has been known about since the mid-nineteenth century, and was described by John Tyndall, Eunice Foote and Joseph Fourier. Based on these discoveries, in the late nineteenth century, Svante Arrhenius calculated the effect of increased CO_2 concentration – one of the greenhouse gases – on the planet's average temperature.

How mad is that? Indeed, but that little sidetrack from my story was on purpose. Let's get back to the ocean and acidification. Without resorting to sophisticated calculations, let's imagine a planet with 71% of its surface covered by the ocean. It's such a huge quantity of water that if you wrote it out in numbers it wouldn't even fit on one line – sextillions of litres, and around 97% of all the liquid water on Earth.

Picture this immensity of water in contact with an atmosphere that has been changing its composition and temperature since the beginning of the Industrial Revolution, more than 200 years ago? It will change too, don't you think? Ocean water absorbs much of the excess heat from the atmosphere, and roughly 25% of the CO_2 produced by humans every year. Terrestrial plants absorb another 25% and the remaining 50% builds up in the atmosphere. This build-up augments the greenhouse effect and, consequently, the temperature. And the excess CO_2 that ends up in the ocean changes its chemistry, lowering the seawater pH (a way of measuring acidity).

See how easily I get distracted? I think about these figures all the time to prepare and teach classes and to analyse the results of research projects. That's why some people think I live with my head in the clouds. But it's actually out in the middle of the ocean! We know very little about the rate of acidification in Brazilian coastal and oceanic waters. This concern gave rise to the Brazilian Ocean Acidification Research Network (BrOA) in 2012. The network has members from several different research institutions in Brazil, and I'm very proud to have been involved from the outset. And since we know so little, we need to observe more in the long term to understand the ocean's behaviour in the inevitable future of climate change.

I love field research at sea, whether aboard large or small ships. It is always very hard work and it can be long hours, but I feel at ease. I miss the sea all the time. One of the ways I've discovered to stay in touch with the ocean is through photography. Seascapes are my favourite theme, and note that we have what I call "Brazilian Sea Music" within Brazilian popular music. Balancing my artist and scientist personas is a path with no turning back.

As a final message, I ask you to always support your friends and relatives – especially the women – who are navigating the waters now and in the future, our legacy for the generations to come.

CIRANDANDO A VIDA NA BEIRA DO MAR

LIA DE ITAMARACÁ
CANTORA, DANÇARINA, COMPOSITORA E A CIRANDEIRA MAIS CÉLEBRE DO BRASIL

Eu sou Lia da beira do mar
Morena queimada do sal e do sol
Da Ilha de Itamaracá
Quem conhece a Ilha de Itamaracá
Nas noites de lua prateando o mar
Eu me chamo Lia e vivo por lá
Cirandando a vida na beira do mar
Cirandando a vida na beira do mar[1]

Eu sou filha de Itamaracá. Nasci e me criei nessa ilha, em Pernambuco, cercada de água por todos os lados. Também sou filha de Iemanjá. O mar me traz muita emoção e felicidade.

As minhas músicas são escritas na beira da praia. Eu escrevo na areia, a onda vem e apaga. Eu vou escrevendo novamente, a onda vem e apaga. Eu vou sendo com o mar. Quando a onda vai e volta, a música está pronta. Quem me deu foi Lia, na beira da praia.

Eu venho de uma família de 18 irmãos. Meu pai era agricultor e tinha 11 filhos. Depois que encontrou a minha mãe, conseguiu mais sete. A minha mãe pescava muito siri, caranguejo, ostra, sururu. Criou a gente assim, comendo crustáceos, peixe de coco, peixe frito, peixada.

Depois que meu pai a deixou com os sete filhos, uma família a chamou para trabalhar em um sítio aqui na ilha e botou a gente para morar em uma casinha. "Você venha trabalhar e traga seus sete filhos", eles disseram. Ela era cozinheira e empregada doméstica. Eu tinha 10 anos, a caçula da família. Mas a gente não foi para lá mamando nem tomando Danoninho, não. Cada um fazia um trabalho, varria o quintal, lavava pratos. A minha mãe foi muito constante, não abandonou nenhum filho.

Nenhum dos meus irmãos se interessou pela música – só eu nasci com esse dom de cantar. Todo o meu sonho era cantar. Eu achava bonito quem canta, quem dança. Eu comecei a me interessar pela música com 12 anos, e com 19 eu assumi a responsabilidade. Resolvi que ia viver de cantar, gravar, compor. É o dom que eu tenho, é o que gosto de fazer. Em 1977, eu gravei meu primeiro LP, e mais tarde gravei outros dois.

Vejo o firmamento, vejo o mar sem fim
E a natureza em redor de mim
Me criei cantando
Vem do céu e o mar
Nas praias da Ilha de Itamaracá[2]

Ciranda é uma dança de roda. Uma dança que envolve as crianças, os adultos. Que a gente dança com o pé esquerdo, ligado na onda que vai, a onda que vem – sempre o pé esquerdo marcando, como a onda do mar. Lia está ali, cantando, cantarolando. O povo está gostando, está aprendendo a música que Lia canta. Eu me sinto muito feliz.

Antes não tinha ciranda aqui em Itamaracá. Só tinha cavalo-marinho, coco de roda, fandango. A única ciranda que tem aqui é Lia de Itamaracá. Se aparecer outra Lia, é falsa.

CIRCLE DANCING LIFE ON THE SEASHORE

LIA DE ITAMARACÁ
SINGER, DANCER, COMPOSER AND BRAZIL'S MOST FAMOUS CIRANDEIRA (BRAZILIAN CIRCLE DANCER)

I'm Lia of the seashore
A brunette burnt by salt and sun
From Itamaracá Island
Who knows Itamaracá Island
On moonlit nights, silvering the sea
My name is Lia and I live there
Circle dancing life on the seashore
Circle dancing life on the seashore[1]

O meu dia a dia é fazer o que tenho que fazer em casa, andar pela praia, fazer exercício na areia. Não sou uma mulher parada, estou sempre agindo. Não me estrago, não me embriago, me alimento bem, durmo bem, a paz está comigo. Estou bem pertinho do mar, é a minha piscina. O mar daqui da ilha é mil maravilhas.

O mar tem um verde louco
E eu acho pouco dizer que é beleza
Na praia tem tanto coco
Que eu fico rouca de gritar riqueza

És pescador
És de água fria
És moreno cirandeiro
És o chamego de Lia[3]

Eu gosto muito de viajar. Atravessei o mar de fogo, saí do meu Brasil para outros lugares. Já fiz show em Portugal, na França, nos Estados Unidos. Graças a Deus, pude pôr a minha música no mundo, a minha origem. Itamaracá, Recife, Pernambuco, Brasil!

Meus ancestrais fizeram a travessia do outro lado. Eles vieram de Guiné--Bissau. Todo mundo me perguntava de onde eu vinha, então eu resolvi fazer um teste de DNA para descobrir. Foi mil maravilhas! Eu sou filha de Guiné-Bissau, sou filha da África.

Já recebi muitas homenagens. O título de doutora *honoris causa* da Universidade Federal de Pernambuco. A Ordem do Mérito Cultural do Ministério da Cultura. Sou Patrimônio Vivo de Pernambuco. Fui homenageada pelas escolas de samba no carnaval do Rio e de São Paulo, no carnaval do Recife. Quem não fica emocionada?

A quem Deus promete vintém, não dá dez réis. Se eu nasci com esse dom, eu segurei.

Espero que todos os que me ouvem, que me assistem, que botem a cabeça para funcionar. O que eu posso oferecer para eles é a música. Os veranistas que vêm aqui para ilha, vêm em dia de sábado, "vamos para a ciranda de Lia". É muito bom. Se eles aprenderem, é mil maravilhas. Aprendeu? Então me sigam. A ciranda passa muita coisa. Eu deixo uma mensagem para o povo todo que quer aprender.

Eu estava na beira da praia
Ouvindo as pancadas
Das ondas do mar

Esta ciranda quem me deu foi Lia
Que mora na Ilha
De Itamaracá[4]

1 "Eu sou Lia", de Paulinho Viola do Recife.
2 Idem.
3 "Chamego de Lia", de Fernando Borges e Ozires.
4 "Quem me deu foi Lia", composição atribuída a Antônio Baracho e que alçou Lia à fama após ser interpretada por Teca Calazans em 1967.

I'm a daughter of Itamaracá. I was born and raised on that island in Pernambuco, surrounded by water on all sides. I'm also a daughter of Yemanjá. The sea brings me great emotion and happiness.

My songs are written on the seashore. I write in the sand, the waves come and erase it. I'll start writing again, the waves come and erase it. My being is me with the sea. When the wave comes and goes, the music is ready. It was Lia who gave it to me, on the seashore.

I come from a family of 18 siblings. My father was a farmer and had 11 children. After he met my mother, he managed to have seven more. My mother used to catch a lot of crab, oysters and mussels. That's how we were raised, eating shellfish, fish in coconut, fried fish, fish stews.

After my father left her with the seven children, a family asked her to work on a ranch here on the island and put us up in a small house. 'Come to work and bring your seven children,' they said. She was a cook and a maid. I was 10 years old, the youngest in the family. But we didn't go there to be breastfed or drink kids' yoghurts. Everyone had a job to do, sweeping the yard, washing dishes. My mum was always there, she didn't abandon any of her children.

None of my siblings were interested in music – I was the only one born with this gift of singing. It was my dream to sing. I thought those who sing and dance were so beautiful. I started to get into music when I was 12, and when I was 19, I did something about it. I decided I was going to make a living out of singing, recording and composing. It's my gift, it's what I like to do. In 1977, I recorded my first LP, and later recorded two more.

I see the heavens, I see the endless sea
And nature around me
I grew up singing
It comes from the sky and the sea
On the beaches of Itamaracá Island[2]

Ciranda is a circle dance. A dance that involves children and adults. We dance it with our left foot, connected to the wave that comes, the wave that goes – always with the left foot, like the wave of the sea. Lia is there, singing, humming. The people are enjoying it, they're learning the song that Lia sings. It makes me feel so happy.

Before people didn't dance the *ciranda* here in Itamaracá. They only danced the *cavalo-marinho* [seahorse], *coco de roda* [coconut circle], and *fandango*. The only *ciranda* we have here is Lia de Itamaracá. If another Lia appears, she's a fake.

My daily routine is doing my household chores, walking along the beach, exercising on the sand. I'm not an idle woman, I'm always on the move. I don't spoil myself, I don't get drunk, I eat well, I sleep well, I live peacefully. I'm very close to the sea, it's my swimming pool. The sea here on the island is amazing.

The sea has a crazy green colour
And it's too little to say it's beautiful
So many coconut trees on the beach
That my voice is hoarse from shouting
about it

You're a fisherman
You're of cold water
You're a cirandeiro
You're Lia's sweetheart[3]

I love travelling. I crossed the sea of fire, I left my Brazil for other places. I've played shows in Portugal, France and the United States. Thank God I have been able to put my music out into the world, my origin. Itamaracá, Recife, Pernambuco, Brazil!

My ancestors crossed over from the other side. They came from Guinea--Bissau. Everyone asked me where I came from, so I decided to do a DNA test to find out. It was incredible! I am a daughter of Guinea-Bissau, a daughter of Africa.

I've received several honours. The title of Honorary Doctor of the Federal University of Pernambuco. The Order of Cultural Merit of the Ministry of Culture. I am listed as Living Heritage of Pernambuco. The samba schools at the Rio and São Paulo carnivals, and the Recife carnival have all paid homage to me. Who wouldn't be moved by that?

AMANITA Phalloides
"CHAPÉU da MORTE"
HELVELLA
Polyporus CONFLUENS
MORCHELLA
Russula
XERAMPELINA
LACTARIUS
DELICIOSUS
Espada

LEVA

iNoa

Elena
landinez

Never settle on a life you don't want when God is trying to give you a better life. If I was born with this gift, I held on to it.

I hope that everyone who listens to me, who watches me, can get their head into gear. What I can offer them is music. The holidaymakers who come here to the island, or come for a day out on a Saturday, 'let's go to Lia's ciranda'. It's really good. If they can learn it, that's amazing! Have you learnt it? Then follow my lead. The ciranda conveys many things. I leave a message for all the people who want to learn it.

I was on the seashore
Hearing the crashes
Of the waves

I was given this ciranda by Lia
Who lives on the island
Of Itamaracá[4]

1 'Eu sou Lia', by Paulinho Viola do Recife.
2 Idem.
3 'Chamego de Lia,' by Fernando Borges and Ozires.
4 'Quem me deu foi Lia,' a song attributed to Antônio Baracho and which catapulted Lia into fame when performed by Teca Calazans in 1967.

O ATOL ME FORTALECEU, E EU FORTALECI O ATOL

ZÉLIA BRITO
CHEFE DA RESERVA BIOLÓGICA DO ATOL DAS ROCAS E SERVIDORA DE CARREIRA DO INSTITUTO CHICO MENDES DE CONSERVAÇÃO DA BIODIVERSIDADE (ICMBIO)

Em 28 de março de 1991, cheguei ao Atol das Rocas pela primeira vez. Depois de 43 horas me afastando da costa de Natal, no Rio Grande do Norte, vi aquela água azul-turquesa que parecia a do filme *A Lagoa Azul*. Eu achava que aquela cor não existia, que era coisa de cinema. "Pronto. É aqui. Achei a minha Lagoa Azul", pensei. "É aqui que a minha vida vai mudar." Foi impactante, alucinante.

Até então, as pessoas não acreditavam em mim. Eu era uma pessoa problemática, alcóolatra, faltava ao trabalho, estava prestes a ser demitida, mas acompanhava o atol desde a juventude. Sou da terceira geração de uma família que sempre trabalhou pelo meio ambiente. Meu pai, Maurinio Sena Silva, ajudou a tornar o Atol das Rocas uma reserva biológica marinha, a primeira do Brasil, em 1979, quando era delegado substituto do Instituto Brasileiro de Desenvolvimento Florestal (o IBDF, que mais tarde se tornou o Ibama).

Entretanto, o local não foi protegido de fato até 1991, quando cheguei com o oceanógrafo Gilberto Sales, que viera de Abrolhos para implantar a reserva. Desde então, o Atol das Rocas nunca mais ficou sozinho. Ele é parte de mim, e eu sou parte dele.

Um atol é um tipo de recife de forma fechada, com uma laguna permanente na parte interna. Há 425 atóis no mundo, mas o Atol das Rocas é o único do Atlântico-Sul. É um dos menores do planeta, com 5,5 km² de área interna. Deus foi sábio e fez com que ficasse a 270 km da costa, e sem um manancial natural de água potável. Assim, o ser humano não o ocupou, e ele permanece um ambiente silvestre.

O atol é um berçário. Os bichos chegam sazonalmente. Conseguimos contar 70 tubarões-lixa de uma vez durante o período reprodutivo da espécie. Cerca de 150 mil aves usam as ilhas para reprodução, forrageio ou parada em rotas migratórias. É um lugar de importância fundamental para a conservação marinha. A categoria de manejo é de proteção integral. A reserva biológica permite a pesquisa científica, mas proíbe o turismo, a pesca e qualquer atividade comercial. Não há população residente na unidade de conservação e nem em seu entorno, o que, em tese, já facilita a conservação. É só aplicar as leis. Melhor seria se fosse simples assim.

Quando chegamos, em 1991, cerca de 14 barcos de pesca cercavam o atol diariamente. A atividade ilegal vinha causando enormes estragos ao ecossistema. Éramos uma equipe de apenas três ou quatro pessoas, e ficávamos totalmente isolados do mundo, dormindo em um acampamento sem energia elétrica e comunicação com o continente. Mesmo assim, eu resolvi que iríamos enfrentar os pescadores.

Não havia como ir atrás de todas as embarcações, então decidi que cada dia elegeria um barco, e não o deixaria pescar. Nós o seguíamos em botes infláveis, recolhíamos suas redes, eu falava pelo rádio no ouvido dos pescadores. Eu morria de medo, mas não podia demonstrar – nem para eles, nem para os meus colegas. Fiquei conhecida como a xerife do mar. Dentro de mim, havia um monstro que saía em defesa do atol.

Mas, depois de desafiar os pescadores, eu chorava escondida. Obtive o apoio dos navios da Marinha e da Capitania dos Portos, que passaram a fiscalizar barcos que saíam de Natal para o atol, aplicando multas. Aos poucos, conseguimos inibir a pesca e a ilegalidade. Hoje, quando saio à noite nas marés baixas e vejo centenas de lagostas, eu falo, "não tenham medo de mim. Estou aqui para cuidar de vocês. Seus familiares foram capturados no passado, mas vocês estão a salvo".

No Atol das Rocas, eu me curei de todas as minhas dores. O atol me fortaleceu, e eu fortaleci o atol. Como cidadã, sinto muito orgulho. Se eu tivesse desistido, não sei o que seria do atol. Nesses 33 anos em que estou aqui, vários servidores desistiram. Eu me sinto uma profissional privilegiada, porque estou em uma reserva que alcançou sucesso na conservação. Rocas, hoje, é referência – as pessoas falam em mim como referência. Mas, antigamente, eu era Zélia, "a doida do atol". Por isso, sempre repito para as futuras mas também para as atuais gerações: não podemos desistir das lutas, por mais difíceis que sejam.

Nunca foi fácil trabalhar no atol. Mas faço isso com muita garra e muita delicadeza, porque ele é muito frágil. Aos 58 anos, eu me sinto uma jovem lutadora por um espaço que é único no Atlântico Sul.

O Atol das Rocas tem o poder de transformar as pessoas. As pessoas que vão para lá voltam diferentes. Voltam melhores. Muitas choram quando têm que sair. Porque, ali, elas entendem a grandiosidade da natureza, e a importância de o ser humano respeitá-la.

THE ATOLL STRENGTHENED ME, AND I STRENGTHENED THE ATOLL

ZÉLIA BRITO
HEAD OF THE ATOL DAS ROCAS BIOLOGICAL RESERVE AND CAREER CIVIL SERVANT AT THE CHICO MENDES INSTITUTE FOR BIODIVERSITY CONSERVATION (ICMBIO)

On 28 March 1991, I arrived at the Rocas Atoll the first time. After 43 hours away of travelling away from the coast of Natal, in Rio Grande do Norte, I could see that turquoise water just like in the film *The Blue Lagoon*. I didn't realise that colour even existed, I thought it was just something out of the movies. 'Right. This is it. I've found my Blue Lagoon,' I thought. 'This is where my life is going to change.' It was awesome, mind-blowing.

Before then, people didn't believe in me. I was a problematic person, an alcoholic, I skipped work, I was about to be sacked, but I had been following the situation of the atoll since I was young. I'm third generation of a family that has always worked for the environment. My father, Maurinio Sena Silva, helped turn the Rocas Atoll into the first marine biological reserve in Brazil in 1979, when he was a substitute commissioner for the Brazilian Institute of Forestry Development (IBDF, which later became IBAMA).

However, the site wasn't actually protected until 1991, when I arrived with oceanographer Gilberto Sales, who had come from Abrolhos to install the reserve. Since then, the Rocas Atoll has never been alone. It's a part of me, and I'm a part of it.

An atoll is a type of enclosed reef with a permanent lagoon inside. There are 425 atolls in the world, but the Rocas Atoll is the only one in the South Atlantic. It is one of the smallest on the planet, with an internal area of 5.5 km^2. God was wise and placed it 270 kilometres from the coast and with no natural source of potable water. So, humans have not occupied it and it remains a wild environment.

The atoll is a nursery, where animals arrive seasonally. We counted 70 nurse sharks at once during the species' breeding season. Around 150,000 birds use the islands for breeding, foraging or resting on flyways. It's a fundamentally important place for marine conservation and falls within the management category of fully protected. The biological reserve allows scientific research, but prohibits tourism, fishing and any commercial activity. There is no resident population in or around the protected area, which, in theory, already facilitates conservation. It's just a matter of enforcing the laws. I wish it were as simple as that.

When we arrived in 1991, around 14 fishing boats surrounded the atoll every day. Illegal fishing had been causing enormous damage to the ecosystem. We were a team of just three or four people, and we were totally cut off from the world, camping with no electricity and no communication with the mainland. Even so, I decided that we would take on the fishermen.

There was no way I could go after all the boats, so I decided that every day I would choose one boat and not let it fish. We followed it in inflatable dinghies, pulled its nets out the water, and I kept speaking into the fishermen's ears on the radio. I was scared to death, but I couldn't show it – not to them, and not to my colleagues either. I became known as the sheriff of the sea. I could feel a monster coming out from inside me to defend the atoll.

But after challenging the fishermen, I cried in private. I got the support of the Navy and the Port Authority; they began to inspect boats leaving Natal for the atoll and started fining them. Little by little, we managed to inhibit fishing and illegal activity. Today, when I go out at night at low tide and see hundreds of lobsters, I tell them, 'Don't be afraid of me. I'm here to look after you. Your family members have been captured in the past, but you are safe.'

At the Rocas Atoll, I was cured of all my pains. The atoll strengthened me, and I strengthened the atoll. As a citizen, I feel very proud. Had I given up, I don't know what would have become of the atoll. In the 33 years I've been here, numerous workers have given up. I feel like a privileged professional because I'm at a reserve that has achieved conservation success. Today the Rocas is a reference – people talk about me as a reference. But, back in the day, I was Zélia, 'the mad woman from the atoll.' That's why I always repeat my message for future generations, but also for those of today: we can't give up the fight, however difficult it may be.

Working at the atoll has never been easy. But I work with a lot of determination and a lot of care, because it's very fragile. At the age of 58, I feel like a young fighter for a space that is unique in the South Atlantic.

The Rocas Atoll has the power to transform people. Anyone who goes there comes back different. They come back better. Many cry when they have to leave. Because there they understand how magnificent nature is and how important it is for human beings to respect it.

A MISSÃO DE TRAZER À TONA HISTÓRIAS DO MAR E DE SUA CONSERVAÇÃO

PAULINA CHAMORRO
JORNALISTA, DOCUMENTARISTA E *PODCASTER*. CRIOU O *PODCAST* VOZES DO PLANETA E A SÉRIE "MULHERES NA CONSERVAÇÃO", E PARTICIPOU DA FUNDAÇÃO DA LIGA DAS MULHERES PELO OCEANO

Não sei em que momento o oceano passou a preencher meus sonhos e pensamentos, só sei que foi desde a mais tenra idade. Nasci em um país longo e estreito, e cresci passando as férias com meus avós em uma praia banhada pelo gelado Pacífico, perto da minha Santiago natal. Juntávamos conchas para decorar cortinas, caçávamos pulgas-do-mar nas areias escuras, comíamos *cochayuyo*, as algas enormes que são parte da dieta do Chile.

Aos 13 anos, cruzei para a outro lado do continente e aportei em São Paulo com a família. No colégio, conheci um grupo de estudantes de Biologia que fazia excursões para Cananeia, no litoral sul de São Paulo, para estudar botos-cinza. Me juntei a eles e comecei a me encantar com a ideia de trabalhar na área. Prestei vestibular para Oceanografia e Jornalismo. Quis a vida que eu passasse apenas para Jornalismo – e o mundo marinho virou a minha pauta permanente.

As oportunidades no começo da minha carreira nortearam esse caminho. Trabalhei em uma emissora de rádio que priorizava temas ambientais. A rádio tem uma função social muito importante, e me ensinou a me comunicar de forma clara, didática e amorosa. Comecei a fazer reportagens ligadas à natureza e ao oceano – a Família Schurmann, o navegador Amyr Klink, um venezuelano que virou um refugiado ambiental por sua luta para proteger golfinhos. Em 2003, fui convocada como repórter a embarcar no veleiro de competição VMax para cobrir a Regata Eldorado Brasilis, à época a maior regata de percurso no Brasil. Sem qualquer conhecimento de navegação oceânica, integrei a primeira tripulação 100% feminina na prova e vivenciei a conexão de mulheres fantásticas – que souberam ler o mar e os ventos para chegar em primeiro lugar na categoria "bico de proa".[1]

Logo depois, embarquei em uma das aventuras mais importantes da minha vida: o Projeto Mar Sem Fim. Durante três anos, velejei do Oiapoque ao Chuí com outros três tripulantes (homens), fazendo reportagens ao longo da costa. Entramos em todas as barras de rio, portos e comunidades que pudemos. Apresentávamos nossos achados toda semana na TV Cultura, falando de problemas do litoral brasileiro, mas também de sua rica cultura e tradições. A beleza das embarcações, a importância dos manguezais nas culturas extrativistas, a singularidade de cada ecossistema marinho.

1 Categoria de regata na qual os barcos não são classificados por sistema de *rating*. O primeiro a cruzar a linha é o vencedor, independentemente de tamanho.

Tudo o que vimos me arrebatou e consolidou a certeza de que o meu trabalho é indissociável do meu amor pela natureza. (Já contei que meu segundo sobrenome é Concha? Pois é...)

Em 2007, comecei a apresentar um programa de entrevistas sobre meio ambiente, o Planeta Eldorado. Quando deixei a rádio, em 2016, usei minha experiência para criar o primeiro *podcast* de meio ambiente no Brasil, o Vozes do Planeta. O projeto se consolidou e sobrevive até hoje – creio que sua virtude é ajudar as pessoas a entenderem mais sobre assuntos ambientais, de forma didática e acessível.

Ao longo dos anos e de tantas entrevistas, conheci mulheres que trabalham diariamente por um planeta mais justo e melhor para todas e todos. Em 2019, em uma grande convergência de propósitos, nos reunimos com uma ideia: como criar algo que nos juntasse em uma única onda? Nasceu o movimento Liga das Mulheres pelo Oceano, um coletivo com uma energia imensa por saber que, juntas, somos mais fortes. Com o recorte de gênero, nos vimos tal qual em um espelho: a visão do outro lado era a mesma. Com diferentes profissões, experiências de vida, mas unidas pelo amor pelo mar. Percebemos que mulheres estão à frente de inúmeros projetos de sucesso integrando saberes tradicionais e científicos. Estão à frente da gestão de área protegidas no Brasil. São lideranças puxando o coro da conservação em comunidades.

E. L.

São pesquisadoras abrindo caminho para mais mulheres no setor. De início, éramos dezenas. Hoje, já somos milhares.

A função de documentar as histórias de muitas dessas mulheres virou uma missão para mim. No projeto Mulheres na Conservação, que criei em 2019 com o fotógrafo João Marcos Rosa, nós rodamos o Brasil para mostrar o trabalho incrível de pesquisadoras e mulheres que atuam em várias frentes na luta pela natureza. Algumas delas também estão neste livro. Como a Beatrice Padovani, que me ensinou que a conservação é compaixão: é querer que gerações futuras também possam ter um planeta saudável. Ou a Zélia Brito, a guardiã do Atol das Rocas: vendo-a conversar com viuvinhas, tubarões e caranguejos, soube estar diante de uma das únicas represente da espécie humana em simbiose total com um ambiente.

Contamos a história de cada uma dessas mulheres em formato de reportagem de texto, de *podcast* e de uma websérie composta por vídeos para a internet. Lançamos dois documentários a partir desses perfis – o mais recente focado em mulheres que atuam na conservação do mar brasileiro. Os filmes são uma ode à natureza, trazendo depoimentos absolutamente apaixonados dessas mulheres pelos ecossistemas brasileiros. É o mesmo que me move. Tenho um amor tão grande pela natureza que gostaria que transbordasse. E busco canalizar isso por meio da minha comunicação. Gostaria que as pessoas pudessem ver como eu vejo, e enxergar como tudo na natureza faz sentido.

Com amor e mar,
Paulina Chamorro Concha

THE MISSION TO BRING TO LIGHT STORIES OF THE SEA AND ITS CONSERVATION

PAULINA CHAMORRO
JOURNALIST, DOCUMENTARY MAKER AND PODCASTER. CREATED THE PODCAST VOZES DO PLANETA [VOICES OF THE PLANET] AND THE SERIES 'MULHERES NA CONSERVAÇÃO' [WOMEN IN CONSERVATION], AND CO-FOUNDER OF THE LIGA DAS MULHERES PELO OCEANO [LEAGUE OF WOMEN FOR THE OCEAN]

I don't know at which precise moment the ocean began to swarm my dreams and thoughts; I only know that it was from a very young age. I was born in a long, narrow country and grew up spending holidays with my grandparents on a beach bathed by the icy Pacific, near my hometown of Santiago. We collected shells to decorate curtains, hunted for sand fleas in the dark sands, ate cochayuyo, the huge algae people eat in Chile.

When I was 13, I crossed over to the other side of the continent and arrived in São Paulo with my family. At school, I met a group of biology students who went on excursions to Cananeia, on the south coast of São Paulo, to study Guiana dolphins. I joined them and fell in love with the idea of working in the field. I took university entrance exams for Oceanography and Journalism. As life would have it, I only passed for journalism, and the marine world became my permanent area of focus.

This path was guided by the opportunities I had at the start of my career. I worked for a radio station that prioritised environmental issues. Radio plays a very important social role and has taught me to communicate in a clear, didactic and loving way. I started reporting on nature and the ocean – the Schurmann Family, the sailor Amyr Klink, a Venezuelan who became an environmental refugee for his fight to protect dolphins. In 2003, I was invited aboard the racing yacht VMax to report on the Eldorado Brasilis Regatta, at the time the biggest long-distance boat race in Brazil. With no knowledge whatsoever of ocean sailing, I joined the first all-female crew in the race and had the chance to connect with fantastic women – who knew how to read the sea and the winds to claim first place in the *prow-first* category[1].

Soon afterwards, I embarked on one of the most important adventures of my life: the Projeto Mar Sem Fim [Endless Sea Project]. For three years, I sailed from Oiapoque to Chuí with three other (male) crew members, reporting along the coast. We entered as many river mouths, ports and communities as we could. We presented our findings every week on TV Cultura, talking about problems on the Brazilian coast, but also about its rich culture and traditions. The beauty of the boats, the importance of mangroves in extractivist cultures, the uniqueness of each marine ecosystem. I was blown away by everything we saw and was reassured that my work is inseparable from my love of nature. (Did I mention that my second surname is Concha [Seashell]? What more can I say?)

1 A race category in which boats are not classified according to a rating system. The first past the finish line is the winner, regardless of size.

In 2007, I started presenting an interview programme about the environment, Planeta Eldorado. When I left the radio station in 2016, I drew on my experience to create the first environmental podcast in Brazil, Vozes do Planeta [Voices of the Planet]. The project became well-established and is still going today. I believe its virtue lies in the fact that it helps enhance people's understanding of environmental issues in a didactic and accessible way.

Over the years and through so many interviews, I've met women who are engaged daily in working for a fairer and better planet for everyone. In 2019, in a great convergence of aims, an idea brought us all together: how could we create something that would unite us in a single wave? Hence, the Liga das Mulheres pelo Oceano [League of Women for the Ocean] movement was born: a collective with incredible energy because we know that together we are stronger. With the gender specification, we saw ourselves just like in a mirror: the view from the other side was the same. With different professions and life experiences, but united by our love of the sea. We realised that women are at the forefront of countless successful projects that integrate traditional and scientific knowledge. They are at the forefront of protected area management in Brazil. They are leaders of the chorus for conservation in communities. They are researchers paving the way for more women in the sector. At first, there were dozens of us. Today, there are thousands of us. Documenting the stories of many of these women has become a mission for me. As part of the Women in Conservation project, which I created in 2019 with photographer João Marcos Rosa, we travelled around Brazil to showcase the amazing achievements by female researchers and other women who work on various fronts in the fight for nature. Some of them also feature in this book. Like Beatrice Padovani, who taught me that conservation is compassion: it's wanting a healthy planet for future generations too. Or Zélia Brito, the guardian of the Rocas Atoll: when I saw her talking to brown noddies, sharks and crabs, I knew I was in the presence of one of the only representatives of the human race in total symbiosis with an environment.

We told the stories of each of these women in the form of a written report, a podcast and a web series consisting of online videos. We released two documentaries based on these profiles – the latest of which is focussed on women working in the conservation of the Brazilian sea. The films are an ode to nature, featuring these women's deeply passionate accounts about Brazilian ecosystems. This is what drives me. I have such a love for nature that I wish it would overflow. And I try to channel this through my communication. I wish people could see as I see and realise how everything in nature makes sense.

With love and the sea,
Paulina Chamorro Concha

TCHIBUM NA AMAZÔNIA ATLÂNTICA

RAQUELINE MONTEIRO
AMAZÔNIDA, OCEANÓGRAFA, DOUTORA EM ECOLOGIA AQUÁTICA E PESCA E PESQUISADORA EM POLUIÇÃO PLÁSTICA

Eu nasci no estado que tem o "rio tão largo quanto o mar", Pará, nome de origem indígena. Sua capital, Belém, é o encontro dos rios Guamá, Acará e Tocantins. Todas essas águas convergem e recebem o nome de rio Pará com destino ao oceano Atlântico. A mistura das águas amazônicas e oceânicas banha a Costa Amazônica, que eu costumo chamar de Amazônia Atlântica, formada pelo litoral dos estados do Amapá, Pará e Maranhão. Juntos, eles representam 20% da costa brasileira.

Nessa mistura de águas, me tornei oceanógrafa pela Universidade Federal do Pará – UFPA, onde também concluí meu doutorado. Desde "pixita", eu estudei em uma escola pública que valorizava a cultura paraense e amazônida. Foi lá que aprendi a "carimbolar" (dançar o carimbó), com meu saião de chita e top branco, exalando patchouli e priprioca (planta aromática). Aprendi também sobre ervas medicinais e as lendas amazônicas. Minha amazonidade foi construída durante esses festejos e feiras escolares, quando tínhamos a oportunidade de vivenciar mais a nossa cultura.

Amazonidade reforçada pela nossa alimentação. Peixe com açaí, frango no tucupi, tacacá, camosquim de camarão aviú e tantos outros pratos originários da terra e da água junto com a ancestralidade dos povos amazônidas. Em datas tradicionais, como o Círio de Nazaré, as cidades são tomadas pelo cheiro que exala das cozinhas no preparo dos alimentos. Na baía do Guajará, o pitiú (cheiro de peixe) invade o mercado Ver-o-Peso. Essas memórias e a ânsia de conhecimento me levaram a escolher uma profissão que compreendesse o envolvimento da terra e da água. Assim foi o meu mergulho na oceanografia – mal poderia imaginar que ela me permitiria conhecer outras Amazônias, do rio ao oceano.

Os rios entrecortam inúmeros povos, comunidades e cidades, interconectados por amazonidades que afloram em diversos ecossistemas, como floresta de terra firme e várzea, aningais, manguezais, dunas, marismas e até um sistema de recifes na foz do rio Amazonas. Nossa diversidade amazônida não é tão enxergada porque nós somos induzidos a pensar e ver apenas uma Amazônia, que possui uma representação fantasiosa de região intocada e exótica ou de floresta como "pulmão do mundo" – uma visão fomentada por quem é de fora, baseado em interesses políticos e econômicos. São farsas que nos limitam e silenciam os conflitos e problemas gerados pelo avanço do "viver moderno" no Norte do Brasil.

— Peraí... "Como assim a Amazônia não é o pulmão do mundo", você pode estar se questionando.

Essa é a maior potoca (*fake news*) já dita. Estudos científicos indicam que quase todo o oxigênio produzido pela Floresta Amazônica é consumido por ela mesma por meio da respiração e da decomposição da matéria orgânica. O oxigênio que respiramos vem do oceano pela produção fitoplanctônica. O oceano é o pulmão do mundo! Contudo, isso não minimiza a importância da Floresta Amazônica para a sociedade e o clima, uma vez que ela é essencial para a formação de chuvas, por exemplo.

As Amazônias contribuem para um oceano saudável com os conhecimentos ancestrais que ajudam a preservar os ecossistemas. Contudo, o avanço do capitalismo tem tornado a região palco de grandes conflitos por terra e de destruição da qualidade das águas pela introdução de poluentes como agrotóxicos, mercúrio e plástico, deixando marcas negativas em nível ambiental e social.

Atualmente, estou pesquisando sobre a poluição plástica na Costa Amazônica, especialmente no litoral do Amapá. No mais recente trabalho de campo, a nossa equipe encontrou centenas de resíduos plásticos, alguns oriundos da Ásia e da costa atlântica da África. Até mesmo um ninho de japiim (*Cacicus cela*) praticamente todo feito de plástico. A poluição plástica na Amazônia é um perigo para o equilíbrio e a qualidade dos rios uma vez que eles são essenciais para a manutenção dos ecossistemas costeiros na região. Eles fornecem nutrientes, sedimentos e outros sólidos dissolvidos que sustentam a biodiversidade, como peixes e pequenos invertebrados consumidos pelas populações locais, sendo esses organismos, muitas vezes, a sua principal fonte de alimento.

Neste contexto, o maretório – território na maré das comunidades costeiras em Reservas Extrativistas – tem papel relevante na conservação da Costa Amazônica. Com seus conhecimentos tradicionais e científicos, as populações fazem o uso sustentável desses ambientes. Precisamos entender que as soluções para o enfrentamento da poluição plástica já estão criadas e os saberes tradicionais são a chave para o combate ao problema. Antes dos sacos plásticos, por muito tempo, sacolas e cestos de fibras naturais e copos de cuia (utensílio feito da planta cuieira) já eram utilizados no dia a dia, evitando o consumo de itens descartáveis e inorgânicos.

A redução da produção e do consumo de plásticos é fundamental para a manutenção da biodiversidade e cultura, incluindo a alimentar, das regiões amazônicas. A contaminação dos rios e praias por plásticos e microplásticos mata lentamente diferentes formas de vida. Precisamos de olhares diversos para a resolução dos problemas em uma aliança com os detentores do conhecimento ancestral. Felizmente, pororocas estão surgindo e reverberando em todos os cantos das Amazônias em busca da (re)construção do nosso viver futuro. Um futuro mais sustentável e justo!

A BIG SPLASH IN THE ATLANTIC AMAZON

RAQUELINE MONTEIRO
AMAZONIAN, OCEANOGRAPHER, PHD IN AQUATIC ECOLOGY AND FISHERIES AND RESEARCHER IN PLASTIC POLLUTION

I was born in the state with the 'river as wide as the sea,' Pará, a name of indigenous origin. Its capital, Belém, is the point at which the Guamá, Acará and Tocantins Rivers converge and are renamed the Pará River, flowing toward the Atlantic Ocean. The blended Amazonian and oceanic waters bathe the Amazon Coast, which I usually call the Atlantic Amazon, formed by the coastline of the states of Amapá, Pará and Maranhão. Together, they represent 20% of the Brazilian coastline.

In this mix of waters, I became an oceanographer at the Federal University of Pará – UFPA, where I also completed my doctorate. Ever since I was a little lassie, I went to a state school that valued the culture of Pará and the Amazon. That's where I learnt to *carimbolar* (dance the carimbó) in my long floral skirt and white top, exuding patchouli and *priprioca* (aromatic plant). I also learnt about medicinal herbs and Amazonian legends. My Amazonian identity was built at these festivals and school fairs, when we had the opportunity to experience more of our culture.

An Amazonian nature reinforced by our diet. Fish with *açaí*, chicken in *tucupi*, *tacacá*, *camosquim* with *aviú* prawns and so many other dishes that come from the land and water together with the ancestry of the Amazonian peoples. On traditional festive dates, such as Círio de Nazaré [The Taper of Our Lady of Nazareth], the towns and cities are engulfed in the overpowering aromas from the kitchens where food is being prepared. In Guajará Bay, the *pitiú* [fish smell] invades the Ver-o-Peso market. These memories and the thirst for knowledge led me to choose a profession that embraced the involvement of the land and the water. And so I took the plunge into oceanography – little did I realise that it would introduce me to other Amazons, from the river to the ocean.

The rivers cut through countless peoples, communities and cities, interconnected by Amazonian features that flourish in various ecosystems, such as terra firma and floodplain forests, *aningais* (tropical aquatic plants), mangroves, dunes, salt marshes and even a reef system at the mouth of the Amazon River. Our Amazonian diversity is not so visible because we are induced to think and see only one Amazon, represented in a fantastical way as an untouched and exotic region or as the 'lungs of the world' forest – a vision fostered by outsiders, based on political and economic interests. These are farces that limit us and silence the conflicts and issues caused by the advance of 'modern living' in the north of Brazil.

'Hang on a minute... "What do you mean the Amazon isn't the lungs of the world?" you might be wondering'.

That's the biggest piece of fake news ever. Scientific studies indicate that, through respiration and the decomposition of organic matter, the Amazon rainforest itself consumes almost all the oxygen it produces. The oxygen we breathe comes from the ocean through phytoplankton production. The ocean is the lungs of the world! However, this doesn't minimise the importance of the Amazon rainforest for society and the climate, since it is essential for the formation of rainfall, for example.

The Amazons contribute to a healthy ocean with ancestral knowledge that helps preserve ecosystems. Nevertheless, the advance of capitalism has made the region the scene of major conflicts over land and devastated water quality caused by the introduction of pollutants such as pesticides, mercury and plastic, with negative environmental and social consequences.

I'm currently researching plastic pollution on the Amazon coast, especially on the coast of Amapá. Our team's most recent fieldwork found hundreds of pieces of plastic waste, some from Asia and the Atlantic coast of Africa. We even found a Yellow-rumped cacique's (*Cacicus cela*) nest almost entirely made of plastic. Plastic pollution in the Amazon is a danger to the balance and quality of the rivers, which are essential for maintaining the region's coastal ecosystems. They provide nutrients, sediments and other dissolved solids that sustain biodiversity, such as fish and small invertebrates that the local communities consume and are often their main source of food.

In this context, the *maretório* – the tidal territory of the coastal communities in Extractive Reserves – plays a key role in the conservation of the Amazon coast. With their traditional and scientific knowledge, local populations make sustainable use of these environments. We need to understand that the solutions for tackling plastic pollution have already been provided and traditional knowledge is the key to combating the problem. Before we had plastic bags, for a long time bags and baskets made from natural fibres and *Cuia* gourds (made from the *Crescentia cujete* tree) were used on a daily basis, avoiding the consumption of disposable and inorganic materials.

Reducing the production and consumption of plastics is fundamental to maintaining the biodiversity and culture, including the food, of the Amazon regions. The contamination of the rivers and beaches by plastics and microplastics is slowly killing different forms of life. We need different perspectives to solve problems in an alliance with those who hold ancestral knowledge. Fortunately, tidal bore waves are rising and reverberating in every corner of the Amazon in search of the (re)construction of our future living. A fairer and more sustainable future!

UM GIGANTE MARINHO TIROU MINHA ALMA PELA BOCA...

PRA MINHA SORTE, DEVOLVEU...

ANA PAULA BALBONI COELHO
ADVOGADA A PESQUISADORA DE RAIAS-MANTAS

Até aquele instante, nossa ignorância era tamanha que esse bicho parecia lenda para toda a legião de mergulhadores que frequentava a Laje de Santos. Sempre que ouvíamos dizer que uma raia-manta havia sido avistada, os poucos sortudos falavam no singular: "*Ela* foi vista". "Vamos pra Laje tentar vê-*la*". Ou seja, se é que tal animal lendário existia, era um só.

Uma ideia do meu amigo Luís Fernando Alves Ferreira dos Santos (o Nanã) mudaria minha vida para sempre a partir daquele 8 de julho de 2001. Ele disse: "Eu vou achar uma raia-manta hoje. Não vou chamar à toa. Se ouvirem o meu di-lin (sineta especial para chamar mergulhadores), nadem até mim porque não será outra coisa. Eu não chamarei para verem tartaruga, golfinho, nem mesmo o monstro do Lago Ness. Não chamarei nem se eu estiver morrendo. Se eu chamar, podem ter certeza de que vão ver uma raia-manta". E assim ele se afastou do costão rochoso, para fazer um percurso bem por fora de onde os mergulhadores costumam ficar.

Por um bom tempo, mantive o amigo no meu campo visual. Mas ele foi sumindo, sumindo, e... sumiu. Ainda assim, eu tinha uma boa noção de onde encontrá-lo quando ouvi o di-lin bater desesperadamente. Virei "pra fora" do costão e bati perna como se minha vida dependesse disso.

Primeiro, avistei o Nanã. Vi seu braço apontando para a frente. Ele não parava de bater o di-lin freneticamente e eu continuei nadando para onde ele indicava. Vi uma mancha negra no horizonte. Preto carvão. Demorou uma eternidade para aquela imagem fazer sentido pra mim. Uma coisa nunca vista demora a ser processada e desenhada pelo cérebro.

E então eu o vi. O monstro imenso de asas abertas como um anjo formou-se diante dos meus olhos.

Naquele momento, o inexplicável aconteceu. A sensação que tive foi de que a minha alma tinha saído pela boca, e fez isso produzindo um som que nunca mais ouvi. Foi então que eu soube que a alma canta. Canta ao passar pela garganta, ao sibilar entre as cordas vocais.

Não fui eu quem cantou, minha alma cantou, por alguns segundos, enquanto saía do meu corpo, decerto querendo chegar mais rápido do que eu à presença daquele ser divino. Fiquei intermináveis segundos ouvindo o som da minha garganta sibilando, sem que fosse eu a produzir aquele som. Eu era apenas espectadora.

Ainda bem que a alma voltou pra dentro de mim, ou eu teria morrido ali, para espanto da raia-manta negra que não olhava só para mim, olhava dentro de mim.

Sim, ela me olhava. Eu tentava entender o que ela era e ela tentava o mesmo comigo. O choque de ver um animal daquele tamanho te olhando nunca cessa. Em todas as dezenas, talvez uma centena de encontros com raias-mantas que tive depois desse, a sensação de irrealidade de ser observado por um animal que costumamos considerar "irracional" é um choque brutal.

Os outros mergulhadores chegaram e, depois de um longo momento na companhia daquele ser curioso, ele se foi. Enquanto eu ainda estava meio abobalhada, apareceram duas raias-mantas de barriga branca. Consegui brincar e interagir com dois monstros marinhos ao mesmo tempo. E, então, elas também partiram. Após minutos, estávamos de novo brincando, em gravidade zero, diante de duas raias-mantas brancas de mais de cinco metros de envergadura cada uma. Pela coloração e pelo tamanho, pensamos que eram as mesmas com as quais havíamos brincado instantes antes.

Dias depois, quando os queridos amigos Maurício Andrade e Heloísa Marum revelaram as fotos (pois é, naquela época revelávamos rolos de filmes e produzíamos fotos em papel), percebemos que as manchas na barriga delas eram diferentes! Então, havíamos brincado com cinco raias-mantas distintas em um único mergulho! Espera um pouco... se, pelas fotos, pudemos identificar as diferenças entre os animais, por que não continuar procurando outras raias-mantas?

Foi assim que nasceu uma coleção de figurinhas e um grupo de *mantaholics*. Essa coleção foi o embrião do Banco Brasileiro de Mantas (BBM), desenvolvido pelo matemático Ricardo Coelho como uma ferramenta digital de consulta pública, baseado em processo científico de fotoidentificação. Hoje, o banco conta com mais de 180 raias-mantas catalogadas, reavistadas e observadas ao longo de toda a costa brasileira e tem servido de inspiração para trabalhos visando à preservação das espécies de raia-manta e do seu hábitat.

Alguns amigos caríssimos se juntaram a nós nessa jornada e fundaram o Instituto Laje Viva (ILV), formado por um grupo de mergulhadores imbuídos do propósito de lutar pela conservação marinha e pela preservação das raias gigantes do nosso litoral. Infelizmente, elas estão ameaçadas de extinção, de acordo com a Lista Vermelha da União Internacional para Conservação da Natureza.

Fui uma das fundadoras do ILV e sua diretora presidente por quase duas décadas. Desde o primeiro instante, absorvi a frase da Dra. Andrea Marshall, PHD em raias-mantas e nossa parceira nas pesquisas: "Se você mergulhar com uma raia-manta e não se emocionar, você está seco por dentro". Serei sempre *mantaholic*. Meu primeiro encontro com uma raia-manta quase me matou de pura emoção e de êxtase. E o que não me mata me fortalece. Do jeito que for possível, lutarei por elas até o fim dos meus dias.

A SEA GIANT TOOK MY SOUL THROUGH MY MOUTH...

LUCKILY FOR ME, HE GAVE IT BACK...

ANA PAULA BALBONI COELHO
LAWYER AND MANTA RAY RESEARCHER

Up to that moment, our ignorance was such that this creature was like a legend to the legion of divers who frequented the Laje de Santos. Whenever we heard that a manta ray had been spotted, the lucky few spoke in the singular: '*She* was seen.' 'Let's go to Laje and try to see *her*.' In other words, if such a legendary animal existed, there was only one of them.

On that 8 July 2001, my friend Luís Fernando Alves Ferreira dos Santos (Nanã) had an idea that would change my life forever. He said: 'I'm going to find a manta ray today. I won't call unless it's for real. If you hear my di-lin (special signal bell used by divers), swim to me because it won't be anything else. I won't call you to see a turtle, a dolphin or even the Loch Ness monster. I won't call even if I'm dying. If I call, you can be sure you'll see a manta ray.' And so he moved away from the headland, to follow a route well away from where the divers usually stay.

I kept my friend in sight for a long while. But he faded, faded, and... disappeared. Even so, I had a a good idea of where to find him when I heard the di-lin knocking desperately. I rolled off the side of the headland and kicked my legs as if my life depended on it.

First, I spotted Nanã. I saw his arm pointing forwards. He kept hitting his di-lin frantically and I carried on swimming to where he was pointing. I saw a black mark on the horizon. Charcoal black. It took forever for that image to make sense to me. It takes time for the brain to process and picture something that it has never seen before.

And then I saw it. A huge monster with its wings spread like an angel formed before my eyes.

At that moment, the inexplicable happened. It felt like my soul had jumped out of my mouth, making a sound I've never heard since. It was then that I realised that the soul sings. It sings as it passes through the throat, as it hisses between the vocal cords.

It wasn't me who sang, my soul sang for a few seconds as it left my body, surely wanting to reach the presence of that divine being quicker than I could. For what felt like endless seconds I listened to the sound of my throat hiss, without producing that sound myself. I was just a spectator.

It's just as well my soul went back inside me, otherwise I would have died out there, to the astonishment of the black manta ray that wasn't only looking at me, it was looking inside me.

Yes, she was looking at me. I was trying to understand what she was and she was doing the same with me. The shock of seeing an animal that size staring at you never ceases. In all the dozens, perhaps a hundred encounters I've had with manta rays since then, the feeling of unreality of being observed by an animal that we tend to consider 'irrational' is a brutal shock.

The other divers joined me and, after a long moment in the company of that curious being, it swam off. I was still a bit dazed when two white-bellied manta rays appeared. I had the chance to play and interact with two sea monsters at the same time. And then they swam away too. Minutes later, we were once again playing in zero gravity in front of two white manta rays, each with a five-metre-plus wingspan. Judging by their colouration and size, we thought they were the same pair we had been playing with a few moments earlier.

Some days later, when our dear friends Maurício Andrade and Heloísa Marum developed the photos (yes, back then we developed film rolls into paper photos), we realised that the spots on their bellies were different! So we had played with five different manta rays in a single dive! But hang on a minute... if we can identify the differences between the animals from the photos, why not keep looking for other manta rays?

That's how a collection of trading cards and a group of mantaholics came about. This collection gave rise to the Banco Brasileiro de Mantas [Brazilian Manta Bank – BBM[, developed by mathematician Ricardo Coelho as a digital tool for public consultation, based on the scientific photo-identification process. Today, the data bank consists of more than 180 manta rays catalogued, re-sighted and observed along the entire Brazilian coast and has served as an inspiration for work aimed at preserving manta ray species and their habitat.

Some very dear friends joined us on this journey and founded the Instituto Laje Viva (ILV), formed by a group of divers with the purpose of fighting for marine conservation and the preservation of the giant rays on our coast. Unfortunately, they are threatened with extinction, according to the International Union for Conservation of Nature's Red List.

I was one of the founders of the ILV and its CEO for almost two decades. Right from the outset, I absorbed a quote by Dr Andrea Marshall, PhD in manta rays and our research partner: 'If you dive with a manta ray and don't get emotional, you're dry inside.' I'll always be a mantaholic. My first encounter with a manta ray almost killed me with sheer emotion and ecstasy. And what doesn't kill me makes me stronger. In whatever way I can, I will fight for them for the rest of my life.

A LUTA PARA PERMANECER E EXISTIR EM SINTONIA COM O MAR

TATIANA MENDONÇA CARDOSO
CAIÇARA DA COMUNIDADE ENSEADA DA BALEIA, NA ILHA DO CARDOSO (SÃO PAULO)

Nós, caiçaras, vivemos ligados à natureza em tudo o que fazemos. Somos completamente dependentes dela para sobreviver. É como parte do nosso corpo. É por isso que cuidamos tanto dela.

Onde não há pessoas cuidando, a natureza é derrubada. Aqui na Ilha do Cardoso, em Cananeia, no litoral de São Paulo, o meio ambiente só está conservado de fato por conta da nossa atuação. São as populações tradicionais que mantêm o cuidado com o território. Somos nós que fazemos pressão e denunciamos quando vemos atividades predatórias.

E, no entanto, só continuamos aqui por conta de um longo histórico de lutas. Nossa comunidade, a Enseada da Baleia, existe na ilha desde 1845 – quando nossos antepassados deram início à cultura de secar o peixe ao sol para conservá-lo por longos períodos, técnica que adotamos até hoje.

Entretanto, em 1962, criaram o Parque Estadual Ilha do Cardoso para conservar a Mata Atlântica, restingas, manguezais e importante biodiversidade daqui. A unidade de conservação começou a ser implementada, de fato, por volta dos anos 1970, deslanchando um longo processo de expulsão de famílias caiçaras, muitas retiradas à força. O modelo de proteção reconheceu a natureza, mas não reconheceu as pessoas que estavam aqui cuidando dela.

Minhas lembranças são de uma infância cheia de restrições. Era preciso pedir autorização para tudo. Meus pais não puderam construir um cômodo para mim em casa, porque os pedidos de licença para qualquer obra eram prontamente engavetados. Eles tiraram acesso à educação e saúde, proibiram roças e criaram legislações que criminalizavam a pesca artesanal. Foram nos podando para desistirmos de ficar.

A essa luta pela permanência se sobrepôs uma outra: sofremos um intenso processo de erosão agravado pelas mudanças climáticas, e fomos forçados a abandonar a nossa comunidade. Para além de toda a dor de perder o nosso teto e o nosso chão, não foi nada simples ficar na ilha. Tivemos que batalhar para fazer a realocação dentro da própria unidade de conservação, o que só conseguimos graças à atuação da Justiça.

A Ilha do Cardoso fica na divisa de Paraná e São Paulo, e a Enseada da Baleia ficava em uma ponta mais ao sul, ao fim de um longilíneo braço de ilha que era separado da costa pelo Canal do Ararapira. Antigamente, no trecho próximo à nossa comunidade, esse braço tinha 80 metros de largura separando o canal do Atlântico. Mas ele foi se estreitando ao longo das décadas, e o processo se intensificou com as mudanças climáticas, trazendo ressacas brutais que reduziram sua largura a meros dois metros.

Em 2017, conseguimos, enfim, nos realocar. Construímos uma nova comunidade em um ponto um pouco mais a norte na ilha, com apoio de parceiros e amigos, mas sem qualquer suporte do Estado. Em 2018, o braço da ilha rompeu de vez, abrindo o canal para o mar e desligando a ponta da ilha onde tínhamos morado.

O mar varreu do mapa a nossa comunidade. Foi tudo embora.

A luta para permanecer no território nos fortaleceu como movimento social. Quando fomos à Justiça, descobrimos os nossos direitos como população tradicional. Foi então que percebemos as injustiças que havíamos sofrido.

Em 2019, criamos a Articulação de Povos e Comunidades Tradicionais da Ilha do Cardoso, reunindo representantes das 11 comunidades tradicionais da ilhado local (nove caiçaras e duas indígenas) para reagir às injustiças no território. Em 2022, finalmente conseguimos a liberação dos pedidos de construção de moradias que estavam há 15 anos sem autorização.

Foi transformador entender a potência que se produz quando mulheres se juntam. Criamos um coletivo feminino – Mulheres Artesãs da Enseada da Baleia (MAE) – para buscar autonomia e reconhecimento. Desenvolvemos linhas de ação para chegar ao nosso objetivo, que nada mais é do que poder viver no nosso próprio lugar, no estilo de vida caiçara. Sobreviver. Subsistir.

Começamos pelo artesanato, reciclando redes de pesca industrial que são um grande problema quando descartadas no mar, matando bichos e gerando poluição. Usamos esse material para fazer bolsas, bijuterias e acessórios, que vendemos em uma lojinha para os visitantes que chegam à comunidade.

Nossas outras frentes de atuação são a secagem do peixe; e passamos a investir em turismo educacional. Escolas privadas de São Paulo costumam mandar alunos para conhecer a natureza da Ilha do Cardoso, e resolvemos criar uma proposta para agregar a essas visitas uma vivência do modo de vida caiçara. As crianças e os adolescentes fazem uma imersão na nossa rotina, com pesca, extração de mariscos, artesanato...

O objetivo principal era gerar renda, mas o impacto foi muito além, fortalecendo as nossas atividades. A pesca tradicional artesanal é tida como uma atividade sem futuro – mas, com o olhar do turismo, o pescador e a pescadora passaram a ser mestres, cheios de ensinamentos para compartilhar.

Só tiramos do mar o que precisamos para sobreviver. Nossas principais lutas são contra a pesca predatória e as atividades humanas que destroem a continuidade da natureza, que minam a sua regeneração. Dependemos da natureza para sobreviver. E ela depende de nós. Queremos que as futuras gerações possam continuar dependendo dela também.

THE STRUGGLE TO STAY AND EXIST IN HARMONY WITH THE SEA

TATIANA MENDONÇA CARDOSO
CAIÇARA FROM THE ENSEADA DA BALEIA COMMUNITY ON ILHA DO CARDOSO [CARDOSO ISLAND] (SÃO PAULO)

As *caiçaras*, we live in connection with nature in everything we do. We are entirely dependent on it to survive. It's like part of our body. That's why we take such good care of it.

Wherever there is nobody taking care of it, nature is cut down. Here on Ilha do Cardoso, in Cananeia, on the São Paulo coast, the environment has only actually been conserved thanks to our work. It is the traditional communities who look after the territory. We are the ones who apply pressure and report any predatory activities we see.

And yet we are only still here because of a long historic struggle. Our community, Enseada da Baleia, has existed on the island since 1845 – when our ancestors began the culture of drying fish in the sun to preserve it for long periods of time, a technique we still adopt today.

However, in 1962, the Ilha do Cardoso State Park was created to conserve the Atlantic Forest, *restingas*, mangroves and the important biodiversity here. Implementation of the protected area began around the 1970s, triggering a long process of expulsion of *caiçara* families, many of whom were forcibly removed. The protection model recognised nature, but it did not recognise the people who were here looking after it.

My memories are of a childhood full of restrictions. We had to request permission for everything. My parents couldn't build a room for me at home because the licence applications for any work were immediately shelved. They took away access to education and health, banned us from growing crops and created legislation that criminalised artisanal fishing. They kept clipping our wings to make us give up on staying.

This struggle for our right to remain has been compounded by another: we have suffered an intense process of erosion aggravated by climate change, and we have been forced to abandon our community. On top of the pain of losing our roof and our floor, it has been far from easy to stay on the island. We had to fight to be relocated within the protected area and were only successful thanks to the intervention of the courts.

Ilha do Cardoso is on the border between Paraná and São Paulo, and Enseada da Baleia was located at a southerly point, at the end of a long arm of land separated from the mainland by the Ararapira Channel. In the past, this arm was 80 metres wide at the stretch near our community, separating the channel from the Atlantic. But it gradually narrowed over the decades, and the process intensified with climate change, causing brutal storm surges that reduced its width to a mere two metres.

In 2017, we were finally able to relocate. We built a new community a little further north on the island, with the support of partners and friends, but without any support from the State. In 2018, the arm of land broke off for good, opening the channel to the sea and disconnecting the cape on which we had lived.

The sea swept our community off the map. It was all gone.

The struggle to stay in the territory has strengthened us as a social movement. When we went to court, we discovered our rights as a traditional community. That was when we saw the injustices we had suffered.

In 2019, we created the Association of Traditional Peoples and Communities of Ilha do Cardoso, bringing together representatives of the 11 traditional communities in the area (nine caiçaras and two indigenous) to react to the injustices committed in the territory. In 2022, our housing applications that had been left unapproved for 15 years were finally authorised.

It was a turning point to realise the power produced by women uniting. We created a women's collective – Women Artisans of Enseada da Baleia (MAE) – to seek autonomy and recognition. We developed lines of action to reach our goal, which is nothing more than being able to live in our own place, in the caiçara lifestyle. To survive. To subsist.

We started with handicrafts, recycling industrial fishing nets that are a major problem when discarded at sea, killing animals and generating pollution. We use this material to make bags, costume jewellery and accessories, which we sell in a little shop to people who visit the community.

Our other work fronts are drying fish and investing in educational tourism. Private schools in São Paulo often send their students to see the nature of Ilha do Cardoso, and we decided to create a proposal to enhance these visits with an experience of the *caiçara* way of life. The children and teenagers are immersed in our routine, with fishing, shellfish extraction, handicrafts...

The main objective was to generate income, but the impact was far more extensive, and it has strengthened our activities. Traditional artisanal fishing is considered to have no future – but from the perspective of tourism, fishermen and women have become masters, with an abundance of lessons to share.

We only take from the sea what we need for our survive. Our main struggles are against predatory fishing and human activities that destroy the continuity of nature and undermine its regeneration. We depend on nature to survive. And it depends on us. We want future generations to have the chance to continue depending on it too.

MERGULHANDO NA PROTEÇÃO DA PAISAGEM MARINHA COM CIÊNCIA E AÇÃO

BEATRICE PADOVANI
BIÓLOGA, PROFESSORA TITULAR DO DEPARTAMENTO DE OCEANOGRAFIA DA UNIVERSIDADE FEDERAL DE PERNAMBUCO E COORDENADORA DO MEROS DO BRASIL, DO REEF CHECK BRASIL E DO PROGRAMA DE ESTUDOS ECOLÓGICOS DE LONGA DURAÇÃO – SÍTIO TAMANDARÉ SUSTENTÁVEL (PELD-TAMS)

Tive uma carreira acadêmica plena, na qual segui a trajetória clássica – da graduação até o pós-doutorado e a entrada na universidade via concurso público. Em paralelo e de maneira sempre entrelaçada, porém, o tempo me tornou uma ativista da necessidade.

A pesquisa científica produz resultados fundamentais para a sociedade, mas nem sempre ressoa ou encontra vontade política que a acolha. Trabalhar com biologia da conservação me impeliu a sair da neutralidade para assumir uma postura ativa em resposta às urgências ao meu redor, buscando caminhos que revertessem os resultados da ciência para o bem comum – tanto desta quanto das futuras gerações.

Eu cresci no interior e só conheci o mar lá pelos sete anos. Até hoje me lembro do impacto daquele azul imenso e absoluto. Mas foi na adolescência, num primeiro mergulho de *snorkel* no Rio de Janeiro, que um mundo novo se descortinou. Quem eram aquelas criaturas? Eu precisava saber. Como muitos na minha geração, entendi que poderia trabalhar com o mar graças ao Jacques Cousteau, vendo imagens da paisagem marinha em um livro na escola. "Existe uma profissão assim!", pensei. Na dúvida entre cursar Oceanografia e Biologia Marinha, comecei os dois, terminei só o segundo e fui correndo fazer mestrado no extremo sul do Brasil, onde o mar mostrava outras realidades no município do Rio Grande (RS): da pesca, dos ventos, de criaturas incríveis, de embarques em mares desafiadores.

No mar e em sala de aula, tive grandes mestres e colegas de jornada que me ensinaram muito. Já no fim da década de 1980, vislumbrávamos o declínio de estoques pesqueiros e o desafio de manter o uso sustentável dos recursos do oceano. Aos poucos, com assombro, fui entendendo que aquela imensidão azul tinha limites, e compreendendo minha própria missão e propósito.

A paixão pelo mergulho orientou caminhos de pesquisa. Casei-me com um oceanólogo e juntos fomos para a Austrália. No doutorado, estudei os efeitos da proteção marinha na recuperação de populações de peixes da Grande Barreira de Coral. Depois de cinco anos, o Brasil parecia distante, mas a vontade de fazer diferença em casa impulsionou a volta, e o Nordeste foi a escolha natural: recifes de coral, peixes tropicais e oportunidades de emprego. Viemos parar em Tamandaré (PE), e daí a vida correu rápido: projetos de pesquisa e conservação, concurso, aulas, alunos. Vieram também os filhos e enormes desafios para montar uma estrutura de pesquisa, hoje consolidada.

Após conhecer modelos bem-sucedidos na Austrália, a vontade era de estabelecer iniciativas semelhantes no Brasil. Com o ímpeto de ajudar a preservar ambientes costeiros, contribuímos para a criação e gestão de importantes unidades de conservação, como a Área de Proteção Ambiental (APA) Costa dos Corais, a APA de Guadalupe e o Parque Municipal do Forte de Tamandaré, entre outros.

A convivência com pescadores e pescadoras, tanto na lida diária como na organização dos movimentos, me ajudou desde cedo a situar a relação humana com o oceano. Sempre perguntava muito e ficava fascinada com o conhecimento deles, que são o elo da sociedade com o mundo debaixo d'água. Mais tarde, entendi que isso tem nome: conhecimento ecológico local, algo que os povos do mar adquirem de forma empírica, por meio de uma relação ancestral de interação com a natureza. Passei a me envolver mais com as comunidades pesqueiras e os movimentos que desenvolvem para garantir seus territórios, numa relação de troca e aprendizado.

Tivemos muitos avanços na ciência e na conservação, com grandes conquistas e alegrias. Os desafios, no entanto, têm aumentado. Vimos espécies outrora pescadas às toneladas minguarem até quase sumir, algo antes impensável na imensidão do oceano. Descobrimos que umas são mais vulneráveis que outras, e precisam de proteção especial. Compreendemos que, na paisagem marinha, tudo está conectado... Rios recebem aportes das bacias hidrográficas e deságuam no mar, devolvendo o que receberam. Resíduos plásticos têm aumentado, assim como a poluição química. O aquecimento de um lado do planeta alcança o outro. O oceano cada vez mais quente está próximo de seu limite, e já não é refúgio seguro para recifes de coral e outros ecossistemas, num alerta de que o planeta enfrenta profundas transformações.

Ao longo das décadas, meu trabalho me mostrou que a natureza é extremamente resiliente. Medidas de manejo, quando bem implementadas, têm grande chance de sucesso. Tenho esperança de que possamos construir um mundo com menos ganância e mais consciência coletiva e respeito ao meio ambiente. Temos que buscar respostas na inteligência da natureza: a solução, tenho certeza, está nela.

Parte dessa solução está também na sabedoria dos povos tradicionais, que convivem com a natureza e entendem seus ritmos. Nossa sociedade exclui a natureza, tem aversão a ela, quer transformá-la, demonstrando uma ignorância difícil de compreender. E tem sido animador acompanhar o aumento da presença das mulheres na ciência e na conservação, fazendo contribuições valiosas à pesquisa. Muitas me inspiraram, me ensinaram, me estenderam a mão.

Fico feliz de ver mais compreensão, equidade e cuidado nas novas gerações. Isso me traz esperança. Acredito que a natureza cura e acolhe, e que precisamos encontrar caminhos para conviver com ela de forma mais harmônica. Esse é nosso maior desafio.

DIVING INTO MARINE LANDSCAPE PROTECTION WITH SCIENCE AND ACTION

BEATRICE PADOVANI
BIOLOGIST, FULL PROFESSOR AT THE FEDERAL UNIVERSITY OF PERNAMBUCO DEPARTMENT OF OCEANOGRAPHY AND COORDINATOR OF MEROS DO BRASIL, REEF CHECK BRASIL AND THE LONG-TERM ECOLOGICAL STUDIES PROGRAMME – SUSTAINABLE TAMANDARÉ SITE (PELD-TAMS)

I've followed the classic path of a full academic career – from undergraduate to post-doctorate and joining the faculty through a public sector recruitment examination. In parallel and always intertwined with that career, however, time has made me an activist of necessity.

Scientific research produces fundamental results for society, but it doesn't always resonate with or find the political will to embrace it. Working in conservation biology drove me to move away from a position of neutrality and adopt an active stance in response to the urgencies around me, seeking ways to redirect the results of science toward the common good – both for this and future generations.

I grew up in the countryside and didn't go to the sea until I was about seven. To this day I can recall the impact of seeing that vast, absolute blue. But it was in my teens, on my first snorkelling outing in Rio de Janeiro, that a whole new world opened up to me. What were those creatures? I needed to know. Like so many of my generation, I realised I could work with the sea thanks to Jacques Cousteau, seeing images of the seascape in a school book. 'This is actually a profession!' I thought. In two minds about whether to study Oceanography or Marine Biology, I started both, finished only the latter and rushed off to do a master's degree in the far south of Brazil, in the municipality of Rio Grande (RS), where the sea presented other realities: of the fishing, the high winds, incredible creatures, offshore ventures in challenging seas.

Both at sea and in the classroom, I had great teachers and crew mates who taught me a lot. In the late 1980s, we could already see the decline in fish stocks and the challenge of maintaining the sustainable use of ocean resources. It gradually dawned on me, in dismay, that this blue expanse had limits, and I came to understand my own mission and purpose.

My passion for diving guided my research avenues. I married an oceanologist and we moved to Australia. For my PhD, I studied the effects of marine protection on the recovery of fish stocks on the Great Barrier Reef. After five years, Brazil seemed far away, but the desire to make a difference at home fuelled our return, and the Northeast was the natural choice: coral reefs, tropical fish and job opportunities. We ended up in Tamandaré (PE), and life moved on quickly: research and conservation projects, recruitment examination, classes, students. We also had children and faced huge challenges in setting up a research structure that is now well established.

After learning about successful models in Australia, we wanted to launch similar initiatives in Brazil. Focused on the preservation of coastal environments, we have contributed to the creation and management of important protected areas, such as, for example, the Costa dos Corais Environmental Protection Area (APA), the Guadalupe APA and the Forte de Tamandaré Municipal Park.

Living with fishermen and women, both in their daily struggle and in the organisation of movements, helped me from an early age to understand the human relationship with the ocean. I always asked a lot of questions and was fascinated by their knowledge, since they are the link between society and the underwater world. I realised later that this has a name: local ecological knowledge; something that the people of the sea acquire empirically, through an ancestral relationship of interaction with nature. Forging a relationship of exchange and learning, I became more involved with the fishing communities and the movements they develop to secure their territories.

We've made great progress in science and conservation, with major achievements and moments of joys. The challenges, however, have multiplied. We've seen species that were once fished by the tonne dwindle to near extinction, something that was previously inconceivable in the immensity of the ocean.

We discovered that some are more vulnerable than others and need special protection. We understand that everything in the seascape is connected... Rivers receive drainage from river basins and flow into the sea, returning what they have received. Plastic waste is on the rise, as is chemical pollution. The warming on one side of the planet reaches the other. The increasingly warm ocean is nearing its limit and is no longer a safe haven for coral reefs and other ecosystems; this is a warning that the planet is facing profound transformations.

Over the decades, my work has shown me that nature is extremely resilient. Management measures, when well implemented, have a high chance of success. My hope is that we can build a world with less greed and more collective awareness and respect for the environment. We must seek answers in the intelligence of nature: the solution is there, I'm sure of that.

Part of this solution also lies in the wisdom of traditional peoples, who live in harmony with nature and understand its rhythms. Our society excludes nature, has an aversion to it, wants to transform it, demonstrating an almost incomprehensible ignorance. And it has been encouraging to see the increasing presence of women in science and conservation, making valuable contributions to research. Many of them have inspired me, taught me, reached out to me.

I'm happy to see more understanding, fairness and care in the new generations. This gives me hope. I believe that nature heals and welcomes, and that we need to find ways to live with it more harmoniously. This is our biggest challenge.

PUXANDO O FIO DAS REDES DE PESCA PARA TECER O ARTESANATO SUSTENTÁVEL

KARINE PORTELA SOARES
ARTESÃ E UMA DAS FUNDADORAS DO GRUPO DE ARTESANATO REDEIRAS, NA COLÔNIA DE PESCADORES SÃO PEDRO (RS)

Ter um trabalho ligado à sustentabilidade é uma das coisas mais importantes na minha vida. Poder ter a minha renda e, ao mesmo tempo, mostrar que podemos ter um olhar diferente para as coisas ao nosso redor, com todos os desafios que vivemos.

Nas Redeiras, transformamos redes de pesca em bolsas, colares e carteiras, e fazemos biojoias com escamas de peixe, que ganham forma de brincos ou colares. O encanto das clientes me enche de orgulho. Elas tocam o material das bolsas e não acreditam que é rede de pesca de camarão. Veem as biojoias e perguntam se são de madrepérola. Damos uma nova vida a matérias-primas que viravam lixo, o que chamam de *upcycling*, e evitamos que as redes virem algozes involuntárias no oceano.

Hoje, vendemos nossos produtos na internet e em feiras e lojas Brasil afora – mas vivemos um momento de incerteza pelos impactos das mudanças climáticas na nossa comunidade.

Somos da Colônia de Pescadores São Pedro, mais conhecida como a Colônia Z-3, à beira da Lagoa dos Patos, no Rio Grande do Sul. Somos um distrito de Pelotas. A maioria das famílias aqui vive da pesca. Foi assim que eu e meu marido, pescador, criamos nossas três filhas.

No início dos anos 2000, eu e outras mulheres formamos um grupo chamado Pescando Arte. Fazíamos artesanato com escama e ossos de peixe, com pedras e conchas. Mas não sabíamos onde vender e trabalhávamos muito sem ganhar nada, dando murro em ponto de faca.

Até que a Emater-RS (Associação Riograndense de Empreendimentos de Assistência Técnica e Extensão Rural) convidou uma de nossas artesãs para uma feira em Brasília. Lá, ela entendeu que precisávamos de ajuda para nos alavancar, e passamos a correr atrás de apoio do Sebrae (Serviço Brasileiro de Apoio às Micro e Pequenas Empresas). Fomos chamadas para o projeto Mar de Dentro, voltado para o artesanato na Costa Doce, e contempladas com a ajuda de um designer e cursos de capacitação. Conseguimos nos profissionalizar, e aqui estamos!

Hoje, somos nove Redeiras, mas a demanda nos levou a terceirizar etapas do trabalho. Assim, passamos a gerar renda para cerca de 20 famílias envolvidas no preparo do material. Primeiro, é preciso descaracterizar as redes, tirando os chumbos, as cordas e os aros. Depois, avançamos para o processo de lavagem, que é longo e trabalhoso. Elas chegam muito sujas, pois passam anos sendo lançadas ao mar à noite, e retiradas com camarão de dia. Ficam gordurosas por causa do crustáceo, e cobertas de limo. Após a lavagem, cortamos entre seus nós até obter longos fios. Tecemos esse fio no tear, e com essa trama fazemos as bolsas. Hoje, uma bolsa passa pelas mãos de quatro artesãs: uma corta o fio, outra faz o tear, outra tinge, outra costura.

Antigamente, quando as redes ficavam velhas, os pescadores as descartavam, queimando-as ou enterrando-as na areia. Esse desgaste nos serve, porque os fios ficam desbotados e podemos tingi-los com novas cores.

Além disso, a sustentabilidade é o nosso cartão de visitas. Ao usar as redes, estamos reaproveitando algo que traz um grande problema ambiental. Redes e outros petrechos de pesca, quando descartados no oceano, causam a chamada pesca fantasma – matando peixes, tartarugas, tubarões e até baleias sem ninguém perceber. Um relatório da organização Proteção Animal Mundial estima que 25 milhões de animais marinhos sejam impactados pela pesca fantasma em um ano, e isso só na costa brasileira.[1]

Os pescadores aqui da Z-3 não descartam mais suas redes. Quando querem se desfazer delas, entram em contato conosco. Estamos fazendo a nossa parte. Entretanto, os impactos da atividade humana no mundo chegaram aqui com força.

Sofremos uma grande enchente em 2023. Ainda estávamos nos recuperando da crise quando veio a cheia histórica de 2024 no Rio Grande do Sul, muito pior. Apenas duas de nossas ruas não ficaram alagadas. Além da destruição, as inundações tiraram o principal sustento da comunidade: o camarão.

A Lagoa dos Patos é uma laguna, com abertura para o mar. Sua água é doce na maior parte do ano, mas fica salgada quando seu nível baixa. É quando temos o camarão. Depois da enchente de setembro de 2023, porém, o nível permaneceu alto, não deixando a água do mar entrar. Assim, em 2024, não tivemos a safra do camarão. Não sabemos o que o futuro reserva para a pesca artesanal, que já vinha minguando ao longo dos anos.

Por outro lado, dá ânimo saber que estamos crescendo e trazendo uma alternativa de renda para outras famílias daqui, e que pode se tornar cada vez mais importante. Até o fim de 2024, ganharemos uma sede na colônia para receber pessoas que querem conhecer o nosso trabalho, como clientes, empresas e os universitários que chegam para estudar a associação. Esse nosso lugar é muito lindo. Temos muito prazer em fazer o nosso trabalho – e dar a nossa contribuição para um mundo mais sustentável.

Para saber mais
Acompanhe as Redeiras nas redes sociais e no site https://redeiras.com.br.

1 Chamorro, P. 2018. 25 milhões de animais marinhos são impactados por pesca fantasma no Brasil por ano, estima relatório. *National Geographic Brasil*, 06/12/2018. Disponível em https://www.national-geographicbrasil.com/meio-ambiente/2018/12/animais-marinhos-impactados-pesca-fantasma-brasil-peixe-plastico.

PULLING THE THREAD OF FISHING NETS TO WEAVE SUSTAINABLE HANDICRAFTS

KARINE PORTELA SOARES
CRAFTSWOMAN AND ONE OF THE FOUNDERS OF THE REDEIRAS CRAFT GROUP IN THE FISHING COLONY OF SÃO PEDRO (RS)

Having a job related to sustainability is one of the most important things in my life. Earning my living and, at the same time, showing that we can take a different view of the things around us, with all the challenges we face.

In the Redeiras group, we transform fishing nets into bags, necklaces and wallets, and we make bio-jewellery from fish scales, which take the form of earrings or necklaces. The delight of our customers fills me with pride. They touch the material of the bags and can't believe it's a shrimp net. They see the bio-jewellery and ask if it's mother-of-pearl. We breathe new life into raw materials that used to be thrown away. This is known as upcycling, and we prevent nets from becoming involuntary tormentors in the ocean.

Today, we sell our products online and at fairs and shops all over Brazil – but we are living through a time of uncertainty as regards the impacts of climate change on our community.

We're from the São Pedro Fishing Colony, better known as Colony Z-3, on the shores of Lagoa dos Patos in Rio Grande do Sul. We are a district of Pelotas. Most families here make their living from fishing. That's how my husband, a fisherman, and I raised our three daughters.

In the early 2000s, some other women and I formed a group called Pescando Arte [Fishing Art]. We made handicrafts from fish scales and bones, stones and shells. But we didn't know where to sell them. We worked really hard and had nothing to show for it, like banging our heads against a brick wall.

Until Emater-RS (Rio Grande Association of Technical Assistance and Rural Outreach Projects) invited one of our craftswomen to a fair in Brasília. There, she realised that we needed help to get off the ground, so we sought support from Sebrae (Brazilian Micro and Small Business Support Service). We were invited to take part in the Mar de Dentro project, aimed at handicrafts on the Costa Doce, and were offered the help of a designer and training courses. So, we turned professional, and here we are!

There are nine of us in Redeiras now, but demand has led us to outsource some of the work. This means we now generate income for around 20 families involved in the preparation of the material. First, the nets need to be de-characterised by removing the sinkers, ropes and frames. Then we move on to the washing process, which is long and arduous. When we get them, they are filthy because for years they've been thrown into the sea at night and pulled out with shrimp in the day. They get greasy from the crustaceans and are covered in slime. After washing, we cut between the knots until we have long strands. We weave the thread on the loom, and then make the bags from the weft. Today, a bag passes through the hands of four craftswomen: one cuts the thread, another weaves it on the loom, another dyes it and another does the stitching.

In the past, when nets got old, the fishermen would discard them, either burning them or burying them in the sand. This wear and tear is good for us because the strands fade and then we can dye them with new colours.

Sustainability is also our calling card. By using the nets, we are recycling something that would otherwise generate a major environmental problem. Nets and other fishing gear, when disposed of in the ocean, cause so-called ghost fishing – killing fish, turtles, sharks and even whales without anyone realising. A report by the World Animal Protection organisation estimates that each year 25 million marine animals are affected by ghost fishing, and that's only off the Brazilian coast.[1]

The fishermen here at Z-3 no longer discard their nets. When they want to get rid of them, they contact us. We're doing our bit. However, the impacts of human activity around the world have hit us hard here.

We suffered a major flood in 2023. We were still recovering from the crisis when the historic flood of 2024 struck Rio Grande do Sul, which was much worse. Only two of our streets escaped the flooding. As well as the destruction, the floods also took away the community's main livelihood: shrimp.

1 Chamorro, P. 2018. 25 milhões de animais marinhos são impactados por pesca fantasma no Brasil por ano, estima relatório. National Geographic Brasil, 06/12/2018. Available at https://www.nationalgeographicbrasil.com/meio-ambiente/2018/12/animais-marinhos-impactados-pesca-fantasma-brasil-peixe-plastico.

Lagoa dos Patos is a lagoon, with channel into the sea. For most of the year the water is fresh, but when the level drops it becomes salty. That's when we there are shrimps. After the flood of September 2023, however, the level remained high, preventing the influx of seawater. So, in 2024, we haven't had a shrimp harvest. We don't know what the future holds for artisanal fishing, which has been dwindling over the years.

On the other hand, it's encouraging to know that we're growing and bringing an alternative source of income to other families here, which could become increasingly important. By the end of 2024, we will have a base in the colony to welcome people who want to get to know our work, such as customers, companies and university students who come to study the association. This place of ours is very beautiful. We take great pleasure in doing our job and making our contribution to a more sustainable world.

Find out more
Follow Redeiras on social media and on the website https://redeiras.com.br.

POR UM MUNDO CONECTADO COMO O OCEANO

ANA VITÓRIA TEREZA DE MAGALHÃES
MESTRE EM PLANEJAMENTO MARINHO E ESPECIALISTA ASSOCIADA DO PROGRAMA DE CULTURA OCEÂNICA DA IOC/ UNESCO

Uma das primeiras memórias que tenho do mar são dos enjoos nas rotas curvilíneas da Serra do Mar, e de sentir o ouvido estalar. Cresci em Poços de Caldas, no sul de Minas Gerais, de onde era preciso viajar seis horas de carro para chegar a cidades como Ubatuba ou Guarujá, em São Paulo. Como menina, lembro de me sentir meio bicho do mato na praia. Nós do interior, devido à distância geográfica, muitas vezes não conhecemos bem as dinâmicas das cidades litorâneas. Mais tarde, essa falta de conhecimento me fez perceber o quão essencial é entender o oceano de forma profunda, e como a cultura oceânica deveria ser um direito de cada criança, independentemente de onde more. Hoje tenho o privilégio de trabalhar para preencher essa lacuna, em um programa da Unesco para integrar educação oceânica aos currículos escolares, as Escolas Azuis.

Quando eu tinha 15 anos, meu pai me deu o livro *Cem dias entre céu e mar*, de Amyr Klink. Fiquei fascinada. Como era possível alguém cruzar da Namíbia até o Brasil sozinho em um barco? E um brasileiro?! Comecei a pensar em cursar Oceanografia, só que eu morava em Minas. Ouvia dos colegas e familiares: "Você vai trabalhar onde com isso? Poços não tem mar!" Então escolhi um caminho mais aceitável para a família de engenheiros: a Arquitetura. Mas o livro tinha aberto a minha mente para o oceano.

Durante a faculdade na Pontifícia Universidade Católica – PUC-Poços, soube de um intercâmbio de Arquitetura no prestigioso Politecnico di Torino, na Itália, e me escrevi despretensiosamente. A jornada acabou mudando a minha vida, dando início a uma carreira internacional. Resolvi fazer o mestrado em Planejamento Marítimo do programa Erasmus Mundus, entre as universidades de Sevilha, Veneza e Açores – no meio do Atlântico! Nesse período, percebi como o oceano conecta diferentes culturas, e meu amor pelo mar e pela sustentabilidade aflorou.

Após o mestrado, tive experiências focadas no oceano no nível da cooperação internacional, da diplomacia e da proteção de áreas marinhas, mas foi no trabalho para promover a cultura oceânica que realmente me encontrei. O termo vem do inglês *ocean literacy* e designa o esforço de conscientizar a sociedade sobre tudo que diz respeito ao mar, e transformar conhecimento em ação. Isso é um pilar fundamental para a Década da Ciência Oceânica para o Desenvolvimento Sustentável (2021–2030) da Organização das Nações Unidas – ONU. A área abarca tudo que estudei e de que mais gosto: cultura, ciência, patrimônio, oceano e educação. E me permite trabalhar em algo que tem impacto real na vida das pessoas – sobretudo nas crianças e jovens do mundo todo que são parte das Escolas Azuis.

As primeiras escolas com esse conceito surgiram em Portugal em 2016 e foram replicadas em diversos países, dando origem à Rede de Escolas Azuis do Atlântico. Recentemente, a Comissão Oceanográfica Intergovernamental – IOC/Unesco abraçou a liderança global do programa – com a meta de expandi-lo para além do Atlântico e alcançar todos os países-membro da Unesco, incluindo aqueles sem abertura ao mar. O oceano tem influência decisiva sobre a vida em todos os países, seja pelo oxigênio, clima, transporte e comércio marítimo ou pelas relações culturais e espirituais. Mesmo países desconectados da costa podem proporcionar esse conhecimento aos seus alunos.

Hoje, há 1.261 Escolas Azuis em 18 países, envolvendo 2.240 professores e professoras e 8.400 alunos e alunas. São escolas públicas ou privadas que incorporam a cultura oceânica ao currículo e criam projetos para trabalhar o tema de forma multidisciplinar. O oceano oferece um caleidoscópio de possibilidades para o ensino escolar. Na matemática, por exemplo, pode-se estudar as navegações marítimas e aprender a fazer cálculos para estimar o tempo de se chegar de uma posição a outra. Na literatura, há inúmeras referências ao oceano em romances, poesia, contos, mitos indígenas. As escolas são livres para criar seus próprios conteúdos e conexões, adaptados à sua cultura e aos seus conhecimentos tradicionais.

Muitas vezes, os professores e coordenadores envolvem atores do território ao redor, possibilitando que alunos conheçam várias profissões ligadas ao oceano e aprendam a partir de experiências práticas. Em Portugal, por exemplo, muitas Escolas Azuis se unem a pescadores e lotas, os mercados de venda do peixe recém-chegado do mar, trazendo esse conhecimento tradicional para os jovens. Na Itália, desenvolvemos um projeto com a Ilha de Elba, onde os alunos tiveram contato com o Parque Nacional Arquipélago Toscano, descobrindo mais sobre o cotidiano de uma área marinha protegida. Esses exemplos da vida real também geram identificação – o modelo não precisa ser o Amyr Klink, como foi o meu caso! Nas Escolas Azuis, os alunos passam a ter referências mais próximas às suas cidades ou culturas, e que podem inspirá-los a seguir uma "carreira azul".

Há países em que as estruturas curriculares sequer mencionam a palavra oceano. Isso é uma lacuna significativa, porque os estudantes não adquirem conhecimento sobre o oceano como um tema central, e não recebem treinamento adequado para pensar na crise climática de forma holística, ou no futuro do planeta. Nas Escolas Azuis, vemos um impacto tremendo no engajamento dos jovens com seus ambientes. É um despertar para a consciência, que promove valores e competências ligados ao desenvolvimento sustentável. Eles passam a ver o oceano como parte de seu mundo e se empoderam para gerar mudanças ao seu redor, e isso sem limitar o conhecimento daqueles que vivem longe do mar, como foi o meu caso quando jovem. Meu desejo é que mais meninas do interior saibam que podem, sim, se tornar cientistas do mar e conquistar o mundo, e se sintam merecedoras e capazes de trabalhar pelo oceano, a despeito de sua origem.

Indicações

Vídeo: *What is Ocean Literacy* [O que é cultura oceânica?]. Disponível em:

Vídeo: *The Cultural Value of Ocean Literacy* [O valor da cultura oceânica]. Disponível em:

Música

"O mar serenou", Clara Nunes.

Website

https://oceanliteracy.unesco.org/.

FOR A WORLD CONNECTED LIKE THE OCEAN

ANA VITÓRIA TEREZA DE MAGALHÃES

MASTER IN MARINE PLANNING AND ASSOCIATE SPECIALIST IN THE IOC/UNESCO OCEAN LITERACY PROGRAMME

One of my first memories of the sea is getting carsick on the sinuous routes of the Serra do Mar mountain range, and feeling my ears popping. I grew up in Poços de Caldas, in the south of Minas Gerais, a six-hour car journey to coastal cities like Ubatuba or Guarujá, in São Paulo. As a little girl, I remember feeling completely out of place on the beach. Those of us from the interior, due to our geographical distance, are often unfamiliar with the dynamics of seaside towns. This lack of knowledge later made me realise how essential it is to understand the ocean in depth, and how ocean culture should be the right of every child, regardless of where they live. Today I have the privilege of working to fill this gap, in a UNESCO programme to integrate ocean education into school curricula: the Blue Schools.

When I was 15, my father gave me the book *One Hundred Days Between Sea and Sky* by Amyr Klink. It blew me away. How could someone possibly cross from Namibia to Brazil alone in a boat? And a Brazilian? I started thinking about studying Oceanography, but I lived in Minas Gerais. Friends and family would say to me: 'Where are you going to work with this? Poços has no sea!' So I chose a more acceptable path for the family of engineers: Architecture. But the book had opened my mind to the ocean.

While I was studying at the Pontifical Catholic University – PUC-Poços, I learnt of an architecture exchange programme with the prestigious Politecnico di Torino in Italy, and I unassumingly wrote to them. The journey ended up changing my life, kickstarting an international career. I decided to do a Master's in Maritime Planning under the Erasmus Mundus programme, between the universities of Seville, Venice and the Azores – in the middle of the Atlantic! It was during that period that I realised how the ocean connects different cultures, and my love for the sea and sustainability surfaced.

After my master's, I had some experiences focussed on the ocean related to international cooperation, diplomacy and the protection of marine areas, but it was in my work to promote ocean literacy that I really found my calling. Ocean literacy refers to the efforts to raise societal awareness about all sea-related matters, and to transform knowledge into action. This is one of the fundamental pillars of the United Nations Decade of Ocean Science for Sustainable Development (2021–2030). The area encompasses everything I've studied and enjoy the most: culture, science, heritage, the ocean and education. And it allows me to work in something that has a real impact on people's lives – above all on the children and young people around the world who are part of the Blue Schools.

The first schools created with this concept opened in Portugal in 2016 and have been replicated in several countries, giving rise to the Atlantic Blue Schools Network. Recently, the Intergovernmental Oceanographic Commission – IOC/UNESCO embraced the global leadership of the programme, with the aim of expanding it beyond the Atlantic and reaching all UNESCO member countries, including those without direct access to the sea. The ocean has a decisive influence on life in every country, be that through the oxygen we breathe, the climate, maritime transport and trade or cultural and spiritual relations. Even land-locked countries can provide their students with this knowledge.

Today, there are 1,261 Blue Schools in 18 countries, involving 2,240 teachers and 8,400 students. These are state and private schools that incorporate ocean culture into the curriculum and create projects to work on the subject in a multidisciplinary way. The ocean offers a kaleidoscope of possibilities for classroom teaching. In maths, for example, you can study maritime navigations and learn to calculate how long it will take to get from one position to another. In literature, there are countless references to the ocean in novels, poetry, short stories and indigenous myths. The schools are free to create their own content and connections, adapted to their culture and traditional knowledge.

Teachers and coordinators will often involve local figures, giving students the opportunity to find out about various professions linked to the ocean and learn from practical experiences. In Portugal, for example, several Blue Schools team up with fishermen and lotas, the fresh fish markets, bringing this traditional knowledge to young people. In Italy, we carried out a project on the island of Elba, where the students visited the Tuscan Archipelago National Park, discovering more about everyday life in a marine protected area. Students also identify with these real-life examples – the role model doesn't have to be Amyr Klink, as was the case with me! In the Blue Schools, students are presented with references who are closer to their cities or cultures and who can inspire them to pursue a 'blue career'.

In some countries the curriculum structures don't even mention the word ocean. This is a major gap, because students don't acquire knowledge about the ocean as a central theme, and they are not adequately trained to think about the climate crisis holistically, or about the future of the planet. We see a tremendous impact on how the young people at the Blue Schools engage with their environments. It's a spark into awareness, that promotes values and skills linked to sustainable development. They come to see the ocean as part of their world and are empowered to create change around them, without limiting the knowledge of those who live far from the sea, as was the case for me when I was young. My wish is for more girls from the interior to realise that they can indeed become marine scientists and conquer the world, and feel worthy and capable of working for the ocean, regardless of where they come from.

Recommendations
Video: *What is Ocean Literacy?*

Video: *The Cultural Value of Ocean Literacy*. Available at:

Music
"O Mar Serenou", Clara Nunes.

Website
https://oceanliteracy.unesco.org/.

A LUTA PARA PROTEGER O MEIO AMBIENTE COM A SABEDORIA DOS POVOS DO MAR

MARIA APARECIDA FERREIRA
ATIVISTA NO CONSELHO COMUNITÁRIO DE IBIRAQUERA (IMBITUBA, SC), UMA DAS DIRETORAS DA COMISSÃO NACIONAL DE FORTALECIMENTO DAS RESERVAS EXTRATIVISTAS E POVOS TRADICIONAIS EXTRATIVISTAS COSTEIROS E MARINHOS (CONFREM), CONSELHEIRA DA ÁREA DE PROTEÇÃO AMBIENTAL (APA) DA BALEIA FRANCA E AGENTE AMBIENTAL DO INSTITUTO CHICO MENDES DE CONSERVAÇÃO DA BIODIVERSIDADE (ICMBIO)

Morar em um lugar como Ibiraquera é um privilégio, mas também uma grande responsabilidade. Estar no planeta Terra é um privilégio, mas uma grande responsabilidade. E não adianta jogar essa responsabilidade nos outros.

Nasci em Imbituba, cerca de 70 quilômetros a sul de Florianópolis, em Santa Catarina – mais precisamente, na comunidade de Ibiraquera, na lagoa de mesmo nome. Nossas raízes estão na pesca artesanal e na agricultura familiar. Cresci entre roças de batata, milho, mandioca, e a pesca na lagoa e no mar. Meu forte é pegar siri de força, usando um pauzinho para fisgar os crustáceos. Na infância, eu gostava de falar com as folhas, as árvores e com os bichos. Quando me mandavam para a lagoa lavar o "tipitim" [tipiti], apetrecho usado para espremer a mandioca, eu passava horas vendo os peixinhos mordiscar as sobras da massa, e brincando na lama escura à beira d'água.

Sempre fui apaixonada pela natureza, e me criei dessa forma muito simples e rica, imersa na sabedoria tradicional. Quando a comunidade começou a se transformar, aquilo me inquietou. Foi com o *boom* do turismo, nos anos 1980. Viramos um "paraíso turístico", com belas praias e esportes náuticos. Isso trouxe problemas, como construções irregulares e visitação em massa. Nossa associação, o Conselho Comunitário de Ibiraquera (CCI), sempre batalhou para preservar as tradições e a saúde ambiental. E o que me lançou nessa luta foi uma redação escolar.

Sempre fui engajada nas causas coletivas, desde o grêmio estudantil. Mas me casei muito cedo, aos 17 anos, e tive dois filhos. Quando o mais moço, Arthur, tinha 12 anos, o sociólogo Paulo Freire Vieira, da Universidade Federal de Santa Catarina (UFSC) – que fez importantes parcerias com a comunidade, promovendo o engajamento ambiental – propôs à escola o seguinte tema: "Ibiraquera é linda, quero te proteger". A professora, Eva Flor, fez um debate entre os alunos e jogou o assunto para os pais, sugerindo uma redação.

Nessa época, eu era dona de casa em tempo integral e vinha me sentindo presa nesse papel, sem me reconhecer. Via, preocupada, as mudanças ao redor – o turismo desenfreado, empreendimentos poluindo a lagoa. Em um texto gigante, todo o meu desejo de me engajar pelo território jorrou. O CCI estava precisando de novas lideranças, e a escola mandou me avisar que, naquele dia mesmo, haveria uma reunião. "Queres participar?" Daí, nunca mais parei. Me reconectei na luta e me reencontrei. Pequenos gestos dentro de espaços comunitários podem ser transformadores.

O ativismo me levou a conhecer lideranças em outros estados, como Bahia, Pará, Maranhão. Vi que todos tinham um histórico igual, só mudavam de endereço – lutando para proteger a pesca artesanal, agricultura familiar, todo um modo de existir em seus territórios. Uma liderança não faz caminho nenhum sozinha. Desses encontros, nasceu a Confrem, a Comissão Nacional de Fortalecimento das Reservas Extrativistas e Povos Tradicionais Extrativistas Costeiros e Marinhos. O grupo se estabeleceu, e hoje tem diálogo com governo sobre tudo o que acontece nas reservas marinhas.

No conselho de Ibiraquera, uma de nossas lutas é estabelecer uma reserva extrativista para proteger a pesca artesanal. Protocolamos esse pedido já em 2005, mas foi engavetado. A proteção que temos é da Área de Proteção Ambiental (APA) da Baleia Franca, que abrange cerca de 135 km de costa. A APA não garante proteção integral – é voltada para o uso equilibrado do território, e para não perdermos mais espécies, riquezas marinhas, nascentes, áreas de restinga. Sempre digo que o mundo devia ser uma grande APA. Pode usar, mas com equilíbrio.

Ao longo dos anos, entendi que há um limite para nossa atuação como ativistas ambientais. Nos cabe propor, denunciar, participar. Podemos ir até certo ponto, mas, dali em diante, dependemos de um órgão gestor para embargar, fiscalizar, aplicar multas. É uma luta incessante – mas é preciso não se deixar adoecer. Lideranças ambientais e comunitárias amargam muitas decepções e derrotas, e eu já sofri de depressão por isso. Com o tempo, aprendi a me resguardar. Minha cura é pedalar , correr, dançar; é ir à praia, falar com as ondas, ver meu filho surfar, os pescadores pescando. O mar é o meu santuário. Digo que não precisamos de tarja preta, porque já temos a tarja azul.

Também temos nossas vitórias. No último Dia do Meio Ambiente, o presidente Luiz Inácio Lula da Silva assinou a minuta que elaboramos na Confrem para decretar a proteção dos manguezais. Sem nenhuma emenda! Eu fui convidada para representar as lideranças nacionais da comissão em Brasília, na solenidade para assinar o decreto, ao lado do presidente e da ministra do Meio Ambiente, Marina Silva. Foi um reconhecimento muito significativo para nós.

O que me move é reconhecer a riqueza que temos – e saber que somos milionários. É saber que nosso povo, de forma simples, seguindo o conhecimento tradicional que herdou, sabe fazer o manejo nessas áreas marinhas maravilhosas. Sabe manter o equilíbrio e extrair recursos naturais sem esgotar o ambiente. Queremos usar essa sabedoria para cuidar melhor do planeta, visando ao bem coletivo.

Para saber mais

Acompanhe as redes sociais da Confrem Brasil, do Conselho Comunitário de Ibiraquera (CCI) e da APA da Baleia Franca.

THE FIGHT TO PROTECT THE ENVIRONMENT WITH THE WISDOM OF THE PEOPLES OF THE SEA

MARIA APARECIDA FERREIRA
ACTIVIST IN THE IBIRAQUERA COMMUNITY COUNCIL (IMBITUBA, SC), DIRECTOR OF THE NATIONAL COMMISSION FOR STRENGTHENING EXTRACTIVE RESERVES AND TRADITIONAL COASTAL AND MARINE EXTRACTIVIST PEOPLES (CONFREM), BOARD MEMBER OF THE BALEIA FRANCA ENVIRONMENTAL PROTECTION AREA (APA) AND ENVIRONMENTAL AGENT FOR THE CHICO MENDES INSTITUTE FOR BIODIVERSITY CONSERVATION (ICMBIO)

Living in a place like Ibiraquera is a privilege, but also a great responsibility. Being on planet Earth is a privilege, but a great responsibility. And there's no point in trying to shift the responsibility onto others.

I was born in Imbituba, roughly 70 kilometres south of Florianópolis, in Santa Catarina – more precisely, in the community of Ibiraquera, on the banks of the lagoon with the same name. Our roots lie in artisanal fishing and family farming. I grew up in potato, corn and cassava fields and fishing in the lagoon and the sea. My speciality is crabbing, using a small stick and noose to snare the crustaceans. As a child, I liked to talk to the leaves, trees and animals. When they sent me to the lagoon to wash the 'tipitim' [*tipiti*], a device used to squeeze the cassava, I would spend hours playing in the dark mud at the water's edge and watching the little fish nibbling on the leftovers.

I've always loved nature, and I was brought up in this very simple and rich way, immersed in traditional wisdom. When the community began to change, that disturbed me. It was with the tourism boom in the 1980s. We became a 'tourist paradise,' with beautiful beaches and water sports. This led to problems such as unauthorised construction and mass visitation. Our association, the Ibiraquera Community Council (CCI), has always fought to preserve traditions and environmental health. And it was a school essay that launched me into this struggle.

I've always been involved in collective causes, ever since the student union. But I married very early, at 17, and had two children. When our youngest, Arthur, was 12, the sociologist Paulo Freire Vieira, from the Federal University of Santa Catarina (UFSC) – who has forged key partnerships with the community to promote environmental engagement – proposed the following theme to the school: 'Ibiraquera, you are beautiful and I want to protect you.' The teacher, Eva Flor, set up a debate among the students and put the issue to the parents, suggesting an essay.

At the time, I was a full-time housewife and had been feeling trapped in this role; I didn't recognise myself. I saw the changes happening around me with worried eyes – unbridled tourism, developments polluting the lagoon. In one mammoth text, all my desire to engage with the territory came pouring out. The CCI was in need of new leaders, and the school informed me that there would be a meeting that very day. 'Do you want to take part?' I have never looked back ever since. I reconnected with the struggle and found myself again. Small gestures within community spaces can be transformative.

Through activism I have met leaders in other states, such as Bahia, Pará and Maranhão. I have seen that they all share the same history, only in different places – fighting to protect artisanal fishing, family farming, a whole way of life in their territories. A single leader can't pave the way alone. The upshot of these encounters was CONFREM, the National Commission for Strengthening Extractive Reserves and Traditional Coastal and Marine Extractivist Peoples. The group established itself and today dialogues with the government about everything that happens in the marine reserves.

In the Ibiraquera council, one of our struggles is to establish an extractive reserve to protect artisanal fishing. We filed this application back in 2005, but it was shelved. The protection we have is under the Baleia Franca Environmental Protection Area (APA), which covers around 135 kilometres of coastline. But the APA does not guarantee full protection – it's aimed at balanced use of the territory, and at not losing any more species, marine riches, springs, restinga areas. I always say that the world should be one big APA. You can use it, but in a balanced way.

Over the years, I've realised that there is a limit to what we can do as environmental activists. It's up to us to propose, report and participate. We can take it up to a certain point, but from then on we depend on a management body to carry out inspections and impose sanctions and fines. It's a relentless struggle – but it's important not to let yourself fall ill. Environmental and community leaders suffer so many disappointments and defeats, and I have suffered from depression as a result. Over time, I have learnt to protect myself. My cure is cycling, running, dancing; it's going to the beach, talking to the waves, watching my son surf, the fishermen fishing. The sea is my sanctuary. I say we don't need anti-depressants for when we're feeling blue, because we already have a vast blue remedy.

We also have our victories. On the last Environment Day, President Luiz Inácio Lula da Silva signed the draft we drew up at Confrem to decree the protection of mangroves. With no amendments! I was invited to represent the national leaders of the commission in Brasília to attend the decree-signing ceremony, alongside the President and the environment minister, Marina Silva. This recognition was very significant for us.

What drives me is acknowledging the riches we have – and knowing that we are millionaires. It's knowing that our people, in a simple way, following the traditional knowledge they have inherited, know how to manage these wonderful marine areas. They know how to maintain the balance and extract natural resources without depleting the environment. We want to use this wisdom to take better care of the planet for the collective good.

Find out more

Follow the social networks of Confrem Brasil, the Ibiraquera Community Council (CCI) and the Baleia Franca APA.

MAR DE RECOMEÇOS EM SUCESSIVAS ONDAS DE PROTEÇÃO

MARCIA HIROTA
AMBIENTALISTA E PRESIDENTE DO CONSELHO DA FUNDAÇÃO SOS MATA ATLÂNTICA

Chegar à praia, respirar fundo e contemplar a grandiosidade do mar azul é sempre um momento de recomeço para mim. Tanta beleza, luz, sons, cheiros, energia. Sempre volto ao mar em busca desses recomeços – para nadar, mergulhar, sair de barco, me encantar com a vida marinha, apreciar paisagens e me divertir com familiares e amigos.

Ao longo da vida, visitei e revisitei inúmeras praias e ilhas no Brasil, e tive a oportunidade de conhecer e admirar quase todos os mares do planeta. Ainda falta desbravar os glaciais Ártico e Antártico. Um dia chego lá!

Vivemos em um país com uma imensidão costeira e um litoral extraordinário de grande diversidade e beleza. A história do Brasil começou pelo mar. Com a chegada dos portugueses em 1500, a Mata Atlântica foi o primeiro bioma a ser explorado. Hoje, é onde vive cerca de 70% da população brasileira. O processo de ocupação e desenvolvimento do Brasil explica as pressões sobre os ambientes costeiro e marinho, e os processos de degradação que sofreram ao longo dos séculos.

Em 1989, ingressei na Fundação SOS Mata Atlântica, ainda como voluntária. Meu primeiro trabalho foi pesquisar e reunir dados sobre o bioma e sua biodiversidade, pouco conhecidos na época, para o 1º. Seminário sobre Bancos de Dados para Conservação no Brasil. A pesquisa me proporcionou grande aprendizado e conhecimento sobre o bioma e seus ecossistemas associados. A Mata Atlântica está longe de ser apenas floresta. O bioma cobre a maior parte da faixa costeira do Brasil e abrange mangues, restingas, ambientes costeiros e marinhos. Ao longo dos anos, fui aprofundando minha atuação nessa linha litorânea que costura floresta e mar.

Os primeiros projetos institucionais foram realizados na região do litoral sul de São Paulo, berço da SOS Mata Atlântica, e, em seguida, em Paraty, no litoral sul do Rio de Janeiro, santuários ecológicos para a biodiversidade marinha. Quanto mais eu conhecia essas regiões tão bem preservadas e suas ilhas, muitas delas Unidades de Conservação (UCs), mais aumentava o meu interesse e comprometimento na luta para proteger a Mata Atlântica e a região costeira.

Entre 1994 e 2020, coordenei o Atlas da Mata Atlântica, desenvolvido desde 1991 pela SOS Mata Atlântica e pelo Instituto Nacional de Pesquisas Espaciais (Inpe), mapeando a floresta nativa e o desmatamento no bioma e ecossistemas associados, com foco na vegetação de manguezal e restinga. Graças ao projeto, pude conhecer a realidade desses ambientes – alguns preservados e protegidos em UCs, outros drasticamente degradados. Esse trabalho incluiu cenas de devastação marcantes e deu origem a denúncias a autoridades – mas também a grandes parcerias e apoio entre cientistas, promotores, ambientalistas, gestores e lideranças comunitárias locais.

Em 2006, vivi um momento de recomeço na Fundação SOS Mata Atlântica, com a criação do Programa Costa Atlântica, idealizado por seu fundador, Roberto Klabin. Ele dizia que "a sociedade vive de costas para o mar" e precisávamos sensibilizar as pessoas sobre a importância de protegê-lo. A partir desse projeto, voltamos nossos esforços ao fortalecimento das UCs marinhas e à proteção da biodiversidade e dos ambientes costeiros.

Naquele mesmo ano, o "Macrodiagnóstico das Zonas Costeira e Marinha do Brasil sob influência do Bioma Mata Atlântica" – liderado pela naturalista Yara Schaeffer-Novelli e equipe do Instituto Bioma Brasil – identificou dez regiões-alvo para a nossa atuação. Isso deu ensejo a novos projetos. Merece destaque o início de uma longa luta para criar uma lei especial que protegesse o bioma marinho, nos moldes da Lei da Mata Atlântica, construída de forma participativa com a sociedade civil. O movimento deu origem ao Projeto de Lei nº. 6.969/2013, que busca instituir a Política Nacional para o Uso e Conservação do Bioma Marinho Brasileiro.

Além disso, na mesma época, a SOS Mata Atlântica instituiu fundos financeiros para apoiar projetos de criação e implementação de UCs marinhas por meio de editais públicos, e para direcionar recursos de doadores para a gestão dessas unidades.

O primeiro foi o Fundo Atol das Rocas, que foi constituído em 2007 por doações privadas e desde então apoia o ICMBio na gestão da reserva biológica, um santuário da vida marinha no Atlântico. Ter a oportunidade de conhecer o Atol foi uma das experiências mais incríveis da minha vida. Outros financiamentos criados foram o Fundo Guanabara, voltado para a proteção dos manguezais da Estação Ecológica da Guanabara e da Área de Proteção Ambiental (APA) de Guapi-Mirim, no Rio de Janeiro; e o Fundo APA Costa dos Corais, em parceria com a Fundação Toyota do Brasil, dedicado sobretudo à conservação dos corais e do peixe-boi no Nordeste.

Cada vez que revisito essas e outras áreas, é muito recompensador desfrutar do mar próximo à beleza da Mata Atlântica e ver a evolução dos trabalhos da fundação, encontrando amigos e parceiros da nossa causa. Nesses anos todos, tive muita sorte por estar rodeada de gente comprometida, generosa e do bem, e me alegra ver que a rede de amantes e defensores do mar só aumenta. Que venham novos recomeços!

A SEA OF NEW BEGINNINGS ON SUCCESSIVE WAVES OF PROTECTION

MARCIA HIROTA
ENVIRONMENTALIST AND CHAIR OF THE BOARD OF THE SOS MATA ATLÂNTICA FOUNDATION

Arriving at the beach, taking a deep breath and contemplating the grandeur of the blue sea is always a reset moment for me. So much beauty, light, sounds, smells, energy. I always return to the sea in search of these new beginnings – to swim, dive, go out on a boat, marvel at marine life, appreciate the scenery and have fun with family and friends.

Throughout my life, I've visited and revisited countless beaches and islands in Brazil, and I've had the opportunity to get to know and admire almost every sea on the planet. I still have the Arctic and Antarctic glaciers to tick off the list. I'll get there one day!

We live in a country with a vast and extraordinary coastline that features great diversity and beauty. The history of Brazil began at sea. Upon the arrival of the Portuguese in 1500, the Atlantic Rainforest was the first biome to be explored. Today, this is where around 70% of the Brazilian population lives. The process of occupation and development in Brazil illustrates the pressures on our coastal and marine environments, and the degradation processes they have suffered over the centuries.

In 1989, I joined the SOS Mata Atlântica Foundation, still as a volunteer. My first job was to research and gather data on the biome and its biodiversity, little known at the time, for the 1st Seminar on Conservation Databases in Brazil. Throught that research I learnt a great deal about the biome and its associated ecosystems. The Atlantic Rainforest is far from being just forest. The biome covers most of Brazil's coastal strip and includes mangroves, restingas, coastal and marine environments. Over the years, I've escalated my work in this coastline that binds the forest and sea together.

The first institutional projects were carried out on the south coast of São Paulo, the birthplace of SOS Mata Atlântica, and then in Paraty, on the south coast of Rio de Janeiro, both ecological sanctuaries for marine biodiversity. The better I got to know these well-preserved regions and their islands, many of which are Protected Areas (UCs), the more my interest in and commitment to the fight to protect the Atlantic Forest and the coastal region grew.

Between 1994 and 2020, I coordinated the Atlantic Forest Atlas, developed since 1991 by SOS Mata Atlântica and the National Institute for Space Research (INPE), mapping native forest and deforestation in the biome and associated ecosystems, with a focus on mangrove and restinga vegetation. This project gave me the chance to learn about the reality of these environments – some preserved and protected in UCs, others drastically degraded. This work showed me striking scenes of devastation and led to acts of wrongdoing being reported to the authorities – but also to great partnerships and support between scientists, prosecutors, environmentalists, managers and local community leaders.

In 2006, I experienced a new beginning within the SOS Mata Atlântica Foundation, with the creation of the Atlantic Coast Programme, the brainchild of its founder, Roberto Klabin. He used to say that 'society lives with its back turned to the sea' and we needed to sensitise people to the importance of protecting it. This project has marked the redirection of our efforts toward strengthening marine protected areas and protecting biodiversity and coastal environments.

In that same year, ten target regions were identified for our work in the 'Macro-diagnosis of Brazil's Coastal and Marine Zones under the influence of the Atlantic Forest Biome,' led by naturalist Yara Schaeffer-Novelli and a team from the Brazil Biome Institute. New projects ensued from this report. It's worth highlighting the start of a long struggle to create a special law to protect the marine biome, along the lines of the Atlantic Forest Law, created through a joint participatory process with civil society. The movement gave rise to Bill No. 6.969/2013, aimed at establishing the National Policy for the Use and Conservation of the Brazilian Marine Biome.

Furthermore, SOS Mata Atlântica concurrently instituted financial funds to support projects for the creation and implementation of marine protected areas through public calls for proposals, and to channel donor funds towards the management of these units. The first was the Rocas Atoll Fund, which was set up in 2007 by private donations and has since supported the ICMBio in managing the biological reserve, a sanctuary for sea life in the Atlantic. The opportunity to visit the Atoll was one of the most incredible experiences of my life. Other funds created were the Guanabara Fund, aimed at protecting the mangroves of the Guanabara Ecological Station and the Guapi-Mirim Environmental Protection Area (APA) in Rio de Janeiro; and the APA Costa dos Corais Fund, in partnership with the Toyota do Brasil Foundation, dedicated primarily to the conservation of corals and manatees in the Northeast.

Every time I revisit these and other areas, it is so rewarding to enjoy the sea alongside the beauty of the Atlantic Forest and to see how the foundation's work is progressing, while meeting friends and partners in our cause. In all these years, I've been very lucky to be surrounded by committed, generous and good people, and I'm delighted to see that the network of lovers and defenders of the sea is only growing. Bring on the new beginnings!

MEU MESTRE MAR

RAÍSSA TELLES
FACILITADORA DE DESENVOLVIMENTO HUMANO, TERAPEUTA E FUNDADORA DO PIRATAS DO AMOR

Eu queria enxergar além dos muros altos dos meus medos, que me impediam de assumir a potência da vida que queria pulsar em mim.

Por isso me mudei pro mar, que é o único lugar na Terra onde não se pode construir muros.

Em fevereiro de 2018, meu companheiro e eu vendemos tudo o que tínhamos, e em menos de três semanas mergulhamos no desconhecido, levados por um veleiro de 33 pés com nome de estrela: *Mintaka*. Uma estrela no mar que ainda não sabíamos navegar, mas que se mostrou a casa mais acolhedora para embarcarmos em uma jornada de profunda conexão e intimidade com o oceano.

Tenho dedicado minha vida a estudos e práticas de desenvolvimento humano e autoconhecimento com a natureza – muito distante da vida que um dia imaginei em São Paulo, onde me formei em Administração de Empresas. Hoje, trabalho para entender o que nos desvia do nosso eixo e como reassumir o comando da própria embarcação, para que, de forma coletiva, possamos transbordar e criar realidades mais vivas, amorosas e em harmonia com o todo.

Eu vi no mar não só meu maior mestre, sem ego; como também a escola mais completa para desenvolver o meu trabalho e o sonho que eu compartilhava com meu companheiro – e com tantos outros seres que abraçaram esse grande sonho pirata. Queríamos que nosso barco fosse a menor sala de aula na maior escola do mundo. Ou seria uma "(des)escola? Enxergamos naquela imensidão salgada a oportunidade de criarmos um espaço de aprendizagem livre para desconstruir as estruturas rígidas, que nos afastam de quem somos, e então repensar formas de viver na Terra. Uma zona autônoma para a prática de uma nova cultura planetária baseada no amor, oferecendo experiências de profunda transformação a bordo.

Nosso nome: Piratas do Amor.

Nos primeiros anos do projeto, testamos as mais diversas experiências no Mintaka: desde residências artísticas a expedições de autoconhecimento, formações de terapia aquática e produção de conteúdo, filmes e *podcasts*. Cada tripulante que bebeu dessa fonte inspiradora de água salgada saiu transformado e comprometido na realização de seus sonhos em terra firme. O mar faz isso com a gente: nos leva a navegar para novos horizontes dentro e fora, abrindo espaços internos que nos convidam a realinhar a bússola com o coração e nos preencher de esperança.

Com seu movimento constante e eterno, o mar me ensina diariamente a lidar com a impermanência. Ali, qualquer tentativa de controle causa no mínimo um belo de um enjoo ou até mesmo o naufrágio, não necessariamente da embarcação, mas de nós em nós mesmos.

O mar me ensina sobre coragem. Sobre navegar junto do medo, atravessando qualquer tempestade ou calmaria, em movimento com as ondas da vida. Me ensina a assumir um estado de altíssima presença, de escuta ativa e observação do que é real.

Estar no mar é uma forma de, literalmente, poder enxergar a vida na Terra de uma nova perspectiva. É poder se distanciar dos barulhos sociais. Silenciar. Questionar o *status quo*. Reconectar com a fonte da vida e com a natureza do amor.

Após uma travessia, todos que estiveram conosco falam: pisar em terra é como renascer. Chegamos renovados, inspirados e prontos para criar melhores formas de habitar o planeta.

Um veleiro é, para mim, o local mais poético, desafiador e potente para viver junto do mestre mar. Um barco é uma zona autônoma nômade, que nos ensina sobre a sustentabilidade da forma mais prática possível. Nossa energia é solar e eólica, e nos movemos com a força do vento e das ondas. Dentro, não há espaço para lixo nem excessos, carregamos o necessário. Usamos produtos biodegradáveis, água salgada para tomar banho e lavar louça, e captamos água doce da chuva. Vivemos em comunidade e às vezes ficamos dias ou meses sem pisar em terra firme, sem privacidade e cercados de desconfortos. Aprendemos a prezar pelo coletivo enquanto respeitamos o individual. A lidar com conflitos enquanto aprofundamos as relações humanas. Ali, é como se fôssemos a extensão do mar, ou ele a nossa – portanto, cuidamos das águas, assim como cuidamos de nós. Essa é uma das nossas missões e práticas como Piratas do Amor. É isso que queremos aprender e praticar juntos, a bordo.

Meu sonho é que todos os seres possam viver ao menos uma vez com esse mestre e a bordo dessa escola. Por isso, em 2022 vendemos nosso barco-estrela *Mintaka*, e estamos em busca do nosso próximo veleiro, um que nos permita fazer travessias com grupos maiores, de até 30 pessoas. É uma busca sem pressa – o sonho vai se revelando uma milha após a outra, quanto mais a gente acredita nele.

Enquanto isso, nos mudamos para a Europa para estudar em uma escola de navegação tradicional e tirar nosso certificado para veleiros comerciais de até 500 toneladas. E passamos a desbravar mares mais distantes com *partner ships*, embarcações parceiras com as quais já navegamos pela Holanda, Islândia e Groenlândia, e tivemos a experiência sublime de atravessar o Oceano Atlântico a vela, do Caribe até a Espanha.

Queremos que nossas expedições sejam um lar para aqueles que buscam a regeneração de si, dos oceanos e do planeta. E que queiram, como nós, ser Piratas do Amor – desafiando o *status quo* e indo além do horizonte em busca de novas formas de viver na Terra. E, claro, cuidando do oceano como ele cuida de nós.

O lar-mar é de todos.
Bem-vindos a bordo.

Para saber mais
Acompanhe nossas expedições no site do Piratas do Amor: www.piratasdoamor.com/pt

THE SEA, MY MASTER

RAÍSSA TELLES
HUMAN DEVELOPMENT FACILITATOR, THERAPIST AND FOUNDER OF PIRATAS DO AMOR [PIRATES OF LOVE]

I wanted to see beyond the tall walls of my fears, which used to prevent me from admitting the vital force that wanted to pulsate in me.

That's why I moved to the sea, which is the only place on Earth where you can't build walls.

In February 2018, my partner and I sold everything we owned, and in less than three weeks we took the plunge into the unknown on a 33-foot sailboat named after a star: *Mintaka*. A star in the sea that we didn't yet know how to navigate, but which proved to be the most welcoming home for us to embark on a journey of deep connection and intimacy with the ocean.

I've dedicated my life to studying and practising human development and self-knowledge in nature – a far cry from the life I once imagined in São Paulo, where I graduated in Business Administration. Nowadays, my work is aimed at understanding what leads us astray from our course and how to retake command of our own ship so that we can collectively stretch beyond and create realities that are more alive, loving and in harmony with the whole.

I saw in the sea not only my greatest master, free of any ego; but also the most complete school to develop my work and the dream I shared with my partner and with so many other beings who have embraced this great pirate dream. We wanted our boat to be the smallest classroom in the biggest school in the world. Or should I say a (de)school? In that salty expanse we could see the opportunity to create a space for free learning, to deconstruct the rigid structures that distance us from who we are, and then to rethink ways of living on Earth. An autonomous zone for the practice of a new planetary culture based on love, offering offshore experiences of profound transformation.

Our name: Piratas do Amor [Pirates of Love].

In the early years of the project, we trialled all sorts of experiences on *Mintaka*: from artist residencies to self-knowledge expeditions, aquatic therapy training and content, film and podcast production. Every crew member who drank from this inspirational saltwater spring came away transformed and committed to making their dreams come true on dry land. The sea does this to us: it leads us to sail to new horizons, within and without, opening up inner spaces that invite us to realign our compass with the heart and fill us with hope.

With its constant and eternal movement, the sea teaches me every day how to deal with impermanence. Out there, any attempt to control things causes, at the very least, a nice bout of seasickness or even castaway, not necessarily of the boat, but of us in ourselves.

The sea teaches me about courage. About riding the waves of life accompanied by fear, through any stormy or calm waters. It teaches me to adopt an extreme state of presence, of active listening and observation of what is real.

Being at sea is a way of literally being able to see life on Earth from a new perspective. It's being able to distance yourself from social noise. To silence it. To question the status quo. To reconnect with the source of life and with the nature of love.

After a voyage, everyone who has been with us says that stepping ashore is like being reborn. We arrive renewed, inspired and ready to create better ways of inhabiting the planet.

For me, a sailboat is the most poetic, challenging and powerful place to live with the master sea. A boat is a nomadic autonomous zone that teaches us about sustainability in the most practical way possible. Our energy is solar and wind, and we move with the force of the wind and waves. Aboard, there's no room for rubbish or excess, we carry the bare minimum. We use biodegradable products, salt water for bathing and washing dishes, and we collect fresh water from the rain. We live as a community and might go days or months without setting foot on dry land, without privacy and surrounded by inconveniences. We learn to value the collective while respecting the individual. To deal with conflicts while deepening human relationships. Out there, it's as if we were an extension of the sea, or the sea of us – so we take care of the waters, just as we take care of ourselves. This is one of our missions and practices as Pirates of Love. That's what we want to learn and practise together on board.

My dream is for everyone to have the chance to live at least once with this master and aboard this school. That's why, in 2022, we sold our starship *Mintaka*, and are now searching for our next sailboat, one that will allow us to take larger groups of up to 30 people. We're not rushing the search – the dream reveals itself mile by mile, the more you believe in it.

In the meantime, we have moved to Europe to study at a traditional sailing school and get our certificate for commercial sailboats of up to 500 tonnes. And we have begun to explore more distant seas with partner ships, having already navigated to Holland, Iceland and Greenland, and had the sublime experience of crossing the Atlantic Ocean under sail, from the Caribbean to Spain.

We want our expeditions to be a home for those seeking to regenerate themselves, the oceans and the planet. And who want, like us, to be Pirates of Love – challenging the status quo and going beyond the horizon in search of new ways of living on Earth. And, of course, taking care of the ocean as it takes care of us.

The home-sea belongs to everyone.
Welcome aboard.

Find out more
Follow our expeditions on the Piratas do Amor website: www.piratasdoamor.com/pt

MEMÓRIAS DE UMA VIDA NUTRIDA PELO MAR

ROSÁLIA ALVES DOS SANTOS (LUÍSA)
MARISQUEIRA E MORADORA DO QUILOMBO DE MASSARANDUPIÓ

Eu vivi no Sauípe, fui criada com a minha avó por parte de pai. Ela não me deixava ir pro lado do mar porque tinha medo. Eu via o mar, mas não tomava banho. Depois, fui morar com a minha mãe de sangue. Aí, quando eu tinha uns 15 anos, é que fui conhecer o mangue. Levei o cofo [um tipo de cesto] pra pegar os caranguejos. Mas quando eu cheguei, vi aquele mangue trançado [de raízes] e os caranguejos correndo e eu não conseguia pegar...

Menina, eu achei que eu ia morrer ali dentro porque o negócio é muito trançado. E eu não tinha a experiência de correr pra pegar o caranguejo. Me deram um cofo grande e quando eu passava, o cofo enganchava nas árvores. Eu comecei a xingar e gritar, "me tira daqui de dentro que eu vou morrer" (risos).

A primeira experiência não foi boa, mas eu tive que voltar por precisão mesmo. Daquele dia em diante eu comecei a ter a experiência das coisas. Quando eu comecei a ser mãe de família, eu vi a necessidade, às vezes, apertando. Eu tinha 19 anos quando nasceu minha primeira filha. Eu fui pro mangue pegar caranguejo pra criar meus filhos. Eu pegava aquele monte de caranguejo e fazia escaldado, ou com leite de coco, e todo mundo comia.

Dentro do mangue é muito duro. Ali, minha irmã, é terra que o filho chora e a mãe não vê. Tem lugar que você tem que se envergar bem pra poder passar por baixo. Ou você tem aquela força de vontade de ir ou você não vai. Tem que meter o braço no buraco pra puxar o caranguejo. E tem as estações do ano que eles andam, é a "andada". Eles andam em janeiro, fevereiro e março. Nas "andadas" é mais fácil de pegar. Eles vão andando, a gente corre e pega. Mas às vezes a gente cai. Olha aqui a cicatriz. Quando eu meti essa perna e fui puxar a outra pra mudar a passada, eu me cortei numa ostra.

Eu tenho 13 filhos. Tive que fazer muita coisa. Na água salgada, eu tirava ostra, pescava siri, aratu, catava sururu, catava caramujo da pedra, que é do arrecife, uma conchinha pequenininha que a gente só tira com a faca. Tirava pra vender. Iam muitas meninas, a gente era parceira. A gente pescava para pegar os peixinhos pequenininhos para comer. Tinha um senhor que fechava a camboa [espécie de estreito por onde a água entra na maré alta e sai na vazante] e quando a maré secava a gente ia pegar os peixes pra comer, pra sobreviver.

Eu também pegava o camarão para dar ao pescador pra usar de isca. E de tarde ele dava o peixe para a gente comer. Era uma troca. A gente ia com a rede pegar o camarão de noite. Dependia da maré. Se a maré fosse na boca da noite, seis horas, sete horas, nós tínhamos que esperar a maré secar para poder pegar esse camarão. No outro dia bem cedo, quatro horas da manhã, a gente ia para a beira da praia. Eu morei bem perto da beira da praia. Já tinha os pescadores certos para a gente entregar o "quinto" do camarão, que eles usavam como isca. A gente dava o "quinto", uma porçãozinha, para cada pescador. Eram pescadores de jangada, não era barco naquele tempo. Aí de tarde, a gente tinha o nosso peixe, o nosso sustento.

Alguns anos atrás, eu vim pro quilombo [de Massarandupió]. Foi aqui que eu conheci a minha história. Conheci uma senhora, dona Alvilina, que conversava muito comigo. Ela morreu com mais de cem anos. E descobri que ela era irmã da minha bisavó por parte de mãe. A minha bisavó foi escravizada. Eu não sabia de onde eu vinha, quem eu era. Hoje em dia, eu fico orgulhosa de saber.

Hoje, não vou mais no mar. Já estou com 64 anos. Deus me abençoou com a minha aposentadoria. Antigamente, eu fazia as coisas por necessidade, você tem que fazer pra seu filho poder comer. Outro dia eu saí pra dar uma mariscada de jereré [tipo de rede] na lagoa, e eu passei quase um mês com dor na coluna. Não aguentei. Hoje, se vou pro mar, é pra me distrair.

MEMORIES OF A LIFE NOURISHED BY THE SEA

ROSÁLIA ALVES DOS SANTOS (LUÍSA)

ROSÁLIA ALVES DOS SANTOS (LUÍSA), SHELLFISH GATHERER AND RESIDENT OF THE MASSARANDUPIÓ *QUILOMBO*

I lived in Sauípe, and was brought up by my paternal grandmother. She wouldn't let me go into the sea because she was afraid. I could see the sea, but I didn't go in. Then I went to live with my mother. And when I was about 15, I went to the mangroves for the first time. I took a cofo [a type of basket] to catch crabs. But when I got there, I saw that mangrove with twisted roots and the crabs running around and I couldn't catch them...

Let me tell you girl, I thought I was going to die in there because it's so tightly twisted. And I didn't have any experience of chasing crabs to catch them. They gave me a big cofo and it kept getting caught in the trees. I started swearing and shouting, 'get me out of here, I'm going to die' (laughs).

My first experience wasn't a good one, but I had to go back out of necessity. From that day on I began to experience things. When I first became a mother, I really felt the squeeze at times. I was 19 when my first daughter was born. I went crabbing in the mangroves to provide for my children. I'd take that pile of crabs and make *escaldado* [blanched crab] or prepare them with coconut milk for everyone to eat.

It's very tough in the mangroves. Out there a son cries and the mother doesn't see. In some places you have to bend over backwards to crawl underneath. Either you have that willpower to get through or you don't. You have to stick your arm down into the hole to pull the crab out. And there are the seasons when they walk, that's the 'walking' season. They walk in January, February and March. They're easier to catch in the 'walking' season. They walk and we run and catch them. But sometimes we fall over. Look at this scar here. When I stepped down with this leg I tried to change my stride with the other and cut myself on an oyster.

I have 13 children. I've had to do so many things. In the salt water, I've caught oysters, siri and mangrove crab, mussels, I've collected rock snails, which are from the coral reef, a tiny little shell that we can only break off the rock with a knife. I'd gather them to sell. Lots of girls would go, we had each others' backs. We would go fishing for tiny little fish to eat. There was a man who used to close the camboa [a kind of strait through which water flows in at high tide and flows out at low tide] and when the tide went out we would go and catch fish to eat, to survive.

I'd also catch shrimp to give to the fisherman to use as bait. And in the afternoon he would give us fish to eat in exchange. We would go out with the net to catch the shrimp at night. It depended on the tide. When the tide came into the mouth at night, six or seven o'clock, we'd have to wait for it to dry so we could catch the shrimp. Early the next morning, at four a.m., we would go to the beach. I used to live very close to the beach. There were certain fishermen to whom we delivered the shrimp, which they used as bait. We gave a 'fifth,' a small portion, to each fisherman. They were raft fishermen, there were no boats in those days. Then, in the afternoon, we would get our fish, our sustenance.

A few years ago, I came to the *quilombo* [of Massarandupió]. This is where I learnt my story. I met a lady, Alvilina, who talked with me a lot. She was over one hundred years old when she died. And I discovered that she was my great-grandmother's sister on my mother's side. My great-grandmother was enslaved. I didn't know where I came from, who I was. Nowadays, I'm proud to know.

I don't go to the sea anymore. I'm 64 now. God blessed me with my retirement. In the past, I did things out of necessity, you have to do them to put food on the table for your children. The other day I went shellfish gathering with a jereré [a type of net] in the lagoon, and I had backache for almost a month afterwards. I couldn't bear it. Today, I only go to the sea for leisure.

NAVEGANDO EM ÁGUAS TURBULENTAS: POLÍTICAS PÚBLICAS PARA A CONSERVAÇÃO DO MAR

ANA PAULA PRATES
DOUTORA EM ECOLOGIA E DIRETORA DO DEPARTAMENTO DE OCEANO E GESTÃO COSTEIRA NO MINISTÉRIO DO MEIO AMBIENTE E MUDANÇA DO CLIMA

Nasci no Rio de Janeiro e fui criada em Recife, e desde muito criança sou apaixonada pelo mar e por seus seres. Sempre tive como ideal de vida trabalhar pela conservação do oceano. Estudei engenharia de pesca e, depois do mestrado na Universidade de São Paulo (USP), fui convidada a trabalhar no Instituto Brasileiro do Meio Ambiente e dos Recursos Naturais Renováveis (Ibama), em Brasília, logo após a Conferência das Nações Unidas sobre Meio Ambiente e Desenvolvimento, também conhecida como ECO-92, no Rio de Janeiro.

Vi que estava no lugar certo, na hora certa, com uma sensação desafiadora e maravilhosa, que foi se desenrolando entre altos e baixos na gestão ambiental. No Ibama, entendi que se eu quisesse fazer algo pelo mar, meu destino seria sair de perto dele e trabalhar na Capital Federal. Na época, minha missão era avaliar a periculosidade ambiental dos agrotóxicos, notadamente em ambientes aquáticos. Cheguei a ser demitida por emitir pareceres indicando a proibição de produtos, quando a direção, corrupta, tinha se comprometido com a liberação. Tempos depois, fui chamada de volta por Nilde Lago Pinheiro.

Em 1995, já como consultora do Programa das Nações Unidas para o Desenvolvimento (Pnud), integrei a equipe do Ministério do Meio Ambiente (MMA), no qual, mais tarde, entraria definitivamente por concurso. Apaixonada pelo mar e amante do mergulho, comecei a identificar as lacunas de políticas públicas nos temas de biodiversidade marinha. Era sempre eu a lembrar "e o mar"? Acho que posso citar como uma das minhas maiores contribuições às políticas públicas desse ministério a introdução dos temas marinhos, particularmente os recifes de coral.

Em 1999, comecei o doutorado em Ecologia, com o tema "Recifes de Coral e Unidades de Conservação Costeiras e Marinhas no Brasil". A primeira iniciativa foi o projeto de mapeamento dos recifes de coral, em parceria com o Instituto Nacional de Pesquisas Espaciais (Inpe) e com o Projeto Recifes Costeiros, coordenado por Beatrice Padovani Ferreira e Mauro Maida, da Universidade Federal de Pernambuco (UFPE). A conclusão do projeto foi o lançamento do Atlas dos Recifes de Coral nas Unidades de Conservação Brasileiras, considerado o documento mais importante de mapeamento desses ambientes no país e que inseriu os recifes brasileiros na cartografia mundial.

O mapeamento foi só o começo. A segunda iniciativa foi a Campanha de Conduta Consciente em Ambientes Recifais, contando com a participação dos pesquisadores e gestores envolvidos no tema. Produzimos material impresso, vídeos, exposições e cursos de multiplicadores pelo nordeste do Brasil. A terceira iniciativa foi o Projeto Piloto de Monitoramento dos Recifes, que deu origem ao Programa Reef Check Brasil, coordenado pela professora Beatrice Padovani Ferreira. É o programa mais longo de monitoramento marinho no país com o objetivo de acompanhar a saúde dos recifes de maior destaque do nosso litoral. Ele demonstra importantes resultados sobre a saúde do ecossistema recifal e sobre a relevância das unidades de conservação nesses ambientes.

Outro foco do meu trabalho foi a divulgação do valor das áreas marinhas protegidas para a conservação da biodiversidade e como um importante instrumento de gestão pesqueira. Consegui incluir as especificidades das áreas aquáticas no Decreto do Plano Nacional de Áreas Protegidas (Pnap), em 2006. Paralelamente, começamos a planejar a criação de novas áreas marinhas sob proteção, identificando aquelas prioritárias para a conservação. Mapeamos os principais ecossistemas costeiros: restingas, praias, marismas, manguezais, estuários, lagoas, dunas, banhados e ilhas de toda a costa brasileira. Esse mapeamento, até então inédito, deu origem à publicação *Panorama de conservação dos ecossistemas costeiros e marinhos no Brasil*.

Passei um período fora do Ministério do Meio Ambiente, circulando entre carreira acadêmica e outras instituições, até voltar, em 2017, e participar da criação dos grandes mosaicos de áreas marinhas protegidas ao redor dos arquipélagos de São Pedro e São Paulo e Trindade e Martim Vaz. Contamos com uma forte mobilização da sociedade civil e com a campanha #ÉaHoradoMar. Conseguimos aumentar de 1,5% para 26,3% o percentual de áreas protegidas no território marinho brasileiro. Era um sonho realizado.

Nem tudo são flores, nem algas. Enfrentamos um período de agudo desmonte nas políticas públicas nacionais e nas instituições ambientais no país entre 2019 e 2022. Mas a paixão pelo mar e a emergência climática que vivemos fizeram com que me engajasse como conselheira da Liga das Mulheres pelo Oceano, trabalhando com os temas oceano e clima junto com a sociedade civil e os meus alunos.

Quando o período de trevas finalmente passou, fui chamada pela ministra Marina Silva, uma das mulheres mais resilientes, persistentes e admiráveis que eu conheço, para assumir a Diretoria de Oceano e Gestão Costeira, criada na Secretaria de Mudança do Clima no Ministério do Meio Ambiente. A emergência climática é uma realidade e levar para a sociedade o conceito de que o oceano atua como principal regulador do clima planetário torna-se fundamental. A saga continua e temos um oceano de desafios a enfrentar. Como diz a canção "Alucinação", de Belchior, "A(mar) e mudar as coisas me interessa mais".

NAVIGATING TURBULENT WATERS: PUBLIC POLICIES FOR MARINE CONSERVATION

ANA PAULA PRATES
PHD IN ECOLOGY AND DIRECTOR OF THE DEPARTMENT OF OCEAN AND COASTAL MANAGEMENT AT THE MINISTRY OF THE ENVIRONMENT AND CLIMATE CHANGE

I was born in Rio de Janeiro and raised in Recife. Since I was a small child, I've been in love with the sea and its creatures. My ideal in life has always been to work for the benefit of ocean conservation. I studied fisheries engineering and, after completing my master's degree at the University of São Paulo (USP), I was invited to work at the Brazilian Institute for the Environment and Renewable Natural Resources (IBAMA) in Brasília, shortly after the United Nations Conference on Environment and Development, also known as the Earth Summit, in Rio de Janeiro.

I realised I was in the right place at the right time. I felt challenged but wonderful, dealing with the ups and downs of environmental management. At IBAMA, I came to understand that if I wanted to do something for the sea, my destiny would be to move away from it and work in the federal capital. At the time, my mission was to assess the environmental danger of pesticides, particularly in aquatic environments. I was even sacked for issuing reports recommending the banning of products, when the (corrupt) management had committed to authorising them. After some time, I was invited back by Nilde Lago Pinheiro.

In 1995, as a consultant for the United Nations Development Programme (UNDP), I became part of the team at the Ministry of the Environment (MMA), which I would later join on a permanent basis via a public sector recruitment examination. Passionate about the sea and a lover of diving, I began to identify the gaps in public policies on marine biodiversity issues. It was always me that asked: 'what about the sea?' As one of my greatest contributions to the ministry's public policies, I think I can cite the introduction of marine issues, particularly coral reefs.

In 1999, I began my PhD in Ecology, on the subject of 'Coral Reefs and Protected Coastal and Marine Areas in Brazil'. The first initiative was the coral reef mapping project, in partnership with the National Institute for Space Research (INPE) and the Coastal Reefs Project, coordinated by Beatrice Padovani Ferreira and Mauro Maida, from the Federal University of Pernambuco (UFPE). The conclusion of the project was marked by the launch of the Atlas of Coral Reefs in Brazilian Protected Areas, considered the most important document that charts these environments and which placed Brazilian reefs onto world maps.

The mapping was just the beginning. The second initiative was the Campaign for Conscious Behaviour in Reef Environments, with the participation of researchers and managers involved in the issue. We produce printed material, videos, exhibitions and courses for teacher multipliers throughout the Northeast of Brazil. The third initiative was the Reef Monitoring Pilot Project, which gave rise to the Reef Check Brasil Programme, coordinated by Professor Beatrice Padovani Ferreira. This is the longest-running marine monitoring programme in the country with the aim of supervising the health of the most prominent reefs along our coastline. It brings us significant results about the health of the reef ecosystem and the importance of the protected areas in these environments.

Another focus of my work has been to publicise the value of marine protected areas for biodiversity conservation and as a key fisheries management tool. I managed to include the specific characteristics of aquatic areas in the Decree of the National Protected Areas Plan (PNAP) in 2006. At the same time, we began planning the creation of new protected marine areas, identifying those that are a priority for conservation. We map the main coastal ecosystems: restingas, beaches, salt marshes, mangroves, estuaries, lagoons, dunes, wetlands and islands all along the Brazilian coast. From this previously unpublished mapping came the publication *Panorama de Conservação dos Ecossistemas Costeiros e Marinhos no Brasil* [Panorama of the Conservation of Coastal and Marine Ecosystems in Brazil].

I spent some time away from the Ministry of the Environment, moving between an academic career and other institutions, until I returned in 2017, and worked on creating the large mosaics of marine protected areas around the archipelagos of São Pedro and São Paulo and Trindade and Martim Vaz. We have seen really strong engagement shown by civil society and have the #ÉaHoradoMar [it's the sea's time] campaign. We have increased the percentage of protected areas in Brazil's marine territory from 1.5% to 26.3%. This was a dream come true.

It's not a bed of roses, or of seaweed! We witnessed the acute dismantling of national public policies and environmental institutions in Brazil between 2019 and 2022. But my passion for the sea and the climate emergency we are experiencing led me to become an advisor to the Liga das Mulheres pelo Oceano [League of Women for the Ocean], working on ocean and climate issues with civil society and my students.

When the dark days were finally over, I was asked by Minister Marina Silva, one of the most resilient, persistent and admirable women I know, to take over the Ocean and Coastal Management Directorate, created within the Climate Change Secretariat at the Ministry of the Environment. The climate emergency is a reality and it has become essential to make society aware of the concept that the ocean acts as the main regulator of the planet's climate. The saga goes on and we have an ocean of challenges to face. As Belchior's song 'Alucinação' goes: 'A(mar) e mudar as coisas me interessa mais' [Loving (the sea) and changing things matters more to me].

NO MAR, A FORÇA PARA SUPERAR A DOR

MARLY LÚCIA DA SILVA FERREIRA
PESCADORA ARTESANAL E EXTRATIVISTA MARINHA DA RESERVA EXTRATIVISTA MARINHA CAETÉ-TAPERAÇU, BRAGANÇA (PA)

Sou apaixonada pela maré e pelo mangue, tanto que defendo com unhas e dentes que ninguém toque, que ninguém mexa. Mas quando eu era criança, eu não gostava do mangue. Tem muito carapanã, mutuca, maruim (insetos) e é uma vida muito dura. Um dia no mangue acaba esvaindo todas as forças. O corpo vem de lá moído. Eu sonhava em ir pra cidade, mas a vida na cidade é uma ilusão. Passei 17 anos fora da minha comunidade e voltar para minhas raízes foi uma vitória.

Desde criança, eu ia para o mangal com meus pais, Angelina e Porfírio. Eu devia ter uns oito anos quando meu pai me ensinou a governar uma canoa com remo. Foi a primeira coisa que ele me fez aprender. A minha mãe dizia "tira esse remo da mão dela" e meu pai respondia: "Ela tem que aprender porque é o que a gente sabe fazer aqui". Ele me dizia para prestar atenção onde a maré "corre". Se a maré "corria" pra levar o barco pra um remanso na curva, eu tinha que torcer o remo ao contrário pra canoa desviar pro outro lado. Foi assim que eu aprendi.

Com ele eu também aprendi muitas artes da pesca: a pesca de espinhel, a de "paneiro de filho ", um tipo de armadilha pra pescar o amuré, um peixinho preto. Meu pai tirava catorze paneiros (cestos) de caranguejo, botava num pau de carga no ombro, sete na frente e sete atrás, e caminhava vinte quilômetros pra chegar na cidade e vender. No inverno, a gente atravessava os campos alagados, às vezes com a água na cintura. Na cidade, vendia aquele produto baratinho. Dava pra comprar 100 gramas de café, um quilo de açúcar, às vezes dava pra um pão, e a gente voltava. Era uma vida muito sofrida.

Uma das lembranças que eu tenho é da minha mãe toda cheia de lama, vindo do mangue. Ela fazia o caranguejo com um caldo muito gostoso. Pegava um prato de barro, botava a farinha e aquele caldo com todos os temperos do canteiro que ela plantava, misturava, dividia nos pratinhos e dava pra gente tomar. Éramos onze filhos. É uma lembrança tão boa. Minha mãe, que já passou para o segundo plano, foi a primeira mulher da nossa comunidade, Tamatateua, a tirar caranguejo.

Com 16 anos eu me casei e fui morar em Macapá. O casamento acabou e voltei com meus cinco filhos pra Tamatateua, o meu lugar, onde o meu umbigo está enterrado. Foi a retomada da minha vida. A gente pensa que na cidade a vida é um luxo. Mas como é que a gente sustenta os filhos tendo que comprar tudo? Eu fui acostumada a plantar a roça, ter feijão, milho, galinha, ovo caipira, pato. A pesca nos dava camarão, caranguejo, peixe, mexilhão.

Quando voltei pra comunidade, tive ajuda de muitas mulheres e dos seus maridos pescadores. Eu ia pescar embarcada com eles. A gente passava até três dias no rancho (moradia rústica perto de áreas de pesca). Foi assim que consegui criar meus filhos. Eu devo muito a eles. Hoje, eu tenho minha canoa e meus apetrechos de pesca. A minha geladeira está sempre abastecida. No meu quintal, eu planto meu cheiro-verde, chicória, alfavaca, cebolinha, o meu pé de pimenta, pimentão, tomate, feijão, batata, macaxeira, milho. Tenho meu fogão de lenha, torro e moo café do modo tradicional.

Nossas tradições vão se perdendo, por isso decidimos resgatar nossos costumes. A Rede de Mulheres nos ajuda a fazer isso. A Rede é uma organização autônoma, fomentada pela Secretaria de Mulheres da Confrem (Comissão Nacional de Fortalecimento das Reservas Extrativistas, Costeiras e Marinhas). Voltamos a fazer panelas de barro, com a argila dos campos alagados. É uma terapia ocupacional, uma atividade econômica, cultural, ecológica e ancestral. Nossos pais e avós usavam panelas e pratos de barro.

Atualmente, sou a secretária titular da Secretaria de Mulheres da Confrem, onde atuamos com outras oito mulheres nas regiões. A remuneração de pesca artesanal e do extrativismo ainda é muito irrisória diante do esforço físico que o trabalho nos exige, e ainda temos que lutar por direitos e pelo ambiente saudável para continuar trabalhando. Tem uma prática predatória de pesca que veio do Nordeste pra cá chamada "fuzarca". É um tipo de curral com uma rede de malha. Os cardumes vão entrando, os peixes maiores ficam entalados na malha e os menores não conseguem passar. Ficam presos e morrem. O mexilhão quase não tem mais e o camarão está escasso.

Mas ainda tem muito peixe. Tem os peixes de água doce: traíra, jacundá, cará, tamuatá, que a gente pega com o "choque", um apetrecho feito com uma fibra e amarrado com cipó. No inverno, entram muitos cardumes nos rios. Entram bagre, pescada-gó, sardinha, pescadinha--branca, pescada-amarela. É uma fartura.

Em 2022, eu sepultei meu filho mais velho, Igor, meu primeiro amor. Ele tinha 36 anos, pegou covid e morreu com cirrose hepática de tanta hidroxicloroquina que deram pra ele. Pra mim, foi uma aberração, uma violação do direito à vacina e do direito à informação. De lá pra cá, para não enlouquecer, eu aumentei o foco nas coisas que eu faço. Uma delas é ir pra maré. Sempre que eu posso, eu vou. Mesmo que eu não vá fazer nada, mas eu quero estar no mar. É minha terapia.

IN THE SEA, THE STRENGTH TO OVERCOME THE PAIN

MARLY LÚCIA DA SILVA FERREIRA
ARTISANAL FISHERWOMAN AND MARINE EXTRACTIVIST FROM THE CAETÉ-TAPERAÇU MARINE EXTRACTIVE RESERVE, BRAGANÇA (PA)

I'm so passionate about the tide and the mangroves that I defend them tooth and nail against anyone who wants to mess with them. But when I was a child, I didn't like the mangroves. It's full of mosquitoes, horseflies and midges and life there is very tough. One day in the mangroves drains all your strength. You come out of their with your body in pieces. I dreamed of going to the city, but city life is an illusion. I spent 17 years away from my community and returning to my roots was a victory.

Ever since I was a child, I would go to the mangrove with my parents, Angelina and Porfirio. I must have been about eight years old when my father taught me how to steer a canoe with a paddle. It was the first thing he made me learn. My mum would say 'get that paddle out of her hand' and my dad would reply: 'She has to learn because it's what we know how to do here.' He told me to pay attention to where the tide was 'running'. If the tide was 'running' to take the boat into a backwater at the bend, I had to twist the paddle in the opposite direction to veer the canoe the other way. That's how I learnt.

I also learnt many fishing skills from him: long line fishing, basket fishing with a 'paneiro de filho', a kind of trap to catch spinycheek sleeper, a little black fish. My father would catch fourteen *paneiros* [baskets] of crab, hang them on a stick over his shoulder, seven in front and seven behind, and walk 20 kilometres to the city to sell them. In winter, we would cross the flooded fields, sometimes with water up to our waists. In the city, we would sell that product cheaply. We made enough to buy 100 grams of coffee, a kilo of sugar, sometimes enough for a loaf of bread, and we'd head back. It was a very hard life.

One of my memories is of my mum covered in mud, coming back from the mangroves. She used to prepare crab with a very tasty broth. She would take a clay dish, add flour and the broth with all the seasoning from her kitchen garden, mix it all up, share it out on plates and serve it for us. I was one of eleven children. It's such a nice memory. My mother, who has now passed into the next plane, was the first woman in our community, Tamatateua, to catch crabs.

When I was 16, I got married and moved to Macapá. The marriage came to an end and I returned with my five children to Tamatateua, my place, where my umbilical cord is buried. This was my life getting back on track. We think that life in the city is a luxury. But how can we support our children when we have to buy everything? I was used to growing crops, having beans, corn, chickens, free-range eggs and ducks. Fishing gave us prawns, crabs, fish and mussels.

When I came back to the community, I was helped by lots of women and their fishermen husbands. I used to go fishing with them. We would spend up to three days at the ranch [a rustic dwelling near fishing grounds]. That's how I managed to raise my children. I owe them a lot. Today, I have my own canoe and my fishing gear. My fridge is always well-stocked. In my backyard, I plant my parsley, chicory, basil, spring onions, my chilli plant, bell peppers, tomatoes, beans, potatoes, cassava and corn. I have my wood-burning stove, I roast and grind coffee the traditional way.

Our traditions are being lost, so we decided to retrieve our customs. The Women's Network helps us to do that. The Network is an autonomous organisation, promoted by the Women's Secretariat of Confrem [National Commission for the Strengthening of Coastal and Marine Extractive Reserves]. We have gone back to making clay pots with the clay from the flooded fields. It is an occupational therapy, an economic, cultural, ecological and ancestral activity. Our parents and grandparents used clay pots and plates.

I'm currently the secretary of the Confrem Women's Secretariat, where we work with eight other women in the regions. What we earn from artisanal fishing and extractivism is still derisory in view of the physical effort the work demands, and we are even forced to fight for our rights and a healthy environment to continue working. There's a kind of predatory fishing that came here from the Northeast called 'fuzarca'. It uses a type of corral with a mesh net. The shoals swim in, the bigger fish get caught in the mesh and the smaller ones can't get through. They get stuck and die. There are almost no mussels left and shrimp are scarce.

But there are still plenty of fish. There are freshwater fish: wolf fish, pike cichlids, oscar, *tamuatá* [a kind of catfish], which we catch with a *choque*, a fishing appliance made from fibre and bound with vines. In winter, numerous shoals enter the rivers. They include catfish, king weakfish, sardines, whiting and yellow hake. An abundance of fish.

In 2022, I buried my eldest son, Igor, my first love. He was 36, caught Covid and died of cirrhosis of the liver from all the hydroxychloroquine they gave him. That was an absolute disgrace in my opinion, a violation of the right to the vaccine and the right to information. Since then, to stop myself from going mad, I've focused more on the things I do. One of them is going out to sea. Whenever I can, I go. Even if I'm not going to do anything there, I want to be in the sea. It's my therapy.

EMBAIXO D'ÁGUA, UM MUNDO DE SENSAÇÕES

ZAIRA MATHEUS
BIÓLOGA, MERGULHADORA E FOTÓGRAFA

A sensação de estar embaixo d'água é sempre única. Todas as vezes que boto minha máscara e olho ao meu redor, eu me pergunto: "meu Deus do céu, quem sou eu nessa dimensão?" Moro em Fernando de Noronha desde 1999. Minha trajetória me trouxe até aqui e vivo no lugar que é o melhor do Brasil para mergulhar. Com a fotografia, eu consigo mostrar um pouco do que eu sinto e da paisagem submersa que é acessível a pouquíssimas pessoas.

Essa história, porém, começa bem antes. Nasci muito longe do mar, em Paraguaçu Paulista. Eu devia ter uns 12 anos quando minha irmã mais velha me levou para Ilhabela, no litoral de São Paulo. Foi quando usei uma máscara pela primeira vez. A memória que tenho daquele instante é a de ter levado um susto. Tirei a cabeça d'água, com medo, mas, ao mesmo tempo, me senti desafiada e atraída. Guardo a sensação da surpresa com o desconhecido até hoje.

Anos depois, passei algumas férias em Paraty-Mirim, no Rio de Janeiro, quando aprendi a mergulhar compartilhando o mesmo *snorkel* com um amigo, o que me deu bastante intimidade com o mar. Fui aprovada no curso de biologia, na Universidade Mackenzie, e, entre vários empregos que tive enquanto estudava, trabalhei como recepcionista em uma escola de natação e mergulho. Ali, aprendi a mergulhar com equipamento autônomo (scuba) e me tornei instrutora em 1989. Desde então, o mergulho nunca mais saiu da minha vida.

Mais uma mudança e fui morar em Ubatuba, já formada em biologia e certificada como instrutora de mergulho. Fiz estágio no Instituto de Pesca, trabalhei como professora em escolas públicas e privadas e peguei muita onda. O surfe é outra coisa boa na minha vida. Muitos dos *check-outs* de mergulho autônomo eram feitos em Paraty, no Rio de Janeiro, onde comecei a aprender a filmagem subaquática.

O grande divisor de águas aconteceu quando um amigo me chamou para trabalhar em Fernando de Noronha, que sempre foi o sonho de qualquer mergulhador ou surfista. Decidi que seria o meu lugar. Aqui, me aperfeiçoei como cinegrafista e me tornei fotógrafa. Assumi a fotografia em 2002 e esta passou a ser outra vertente da minha vida.

Posso dizer que conheço cada pedaço embaixo d'água em Fernando de Noronha. Conduzi muita gente e tenho um prazer enorme em fotografar uma pessoa junto de uma tartaruga, um cardume ou um coral. Tenho certeza de que aquela fotografia terá um impacto na vida dela e plantará uma semente pela conservação dos oceanos. Já mergulhei várias vezes no mesmo lugar e é sempre surpreendente. A paisagem muda seja porque a água estava mais clara ou porque apareceram bichos diferentes. São fotografias importantes para mim, para as pessoas, para os pesquisadores e para a posteridade. No meu mestrado, em 2013, fiz um levantamento da comunidade bentônica (organismos que vivem associados ao fundo), em 12 estações em Noronha. Fiz mais de cinco mil fotografias entre 10 e 50 metros de profundidade para analisar essa biodiversidade. A fotografia se tornou uma ferramenta poderosa para a ciência e para a conservação.

Os lugares onde mergulhei me proporcionaram momentos inesquecíveis. No Atol das Rocas, consegui presenciar cópulas de tartarugas verdes, vi tubarões, cardumes de um peixe conhecido como "dentão", tão grandes que você se perde dentro deles, polvos minúsculos e outros animais raros. No arquipélago dos Abrolhos, a riqueza de espécies e a variedade de corais é fascinante.

Já no arquipélago de São Pedro e São Paulo, o espetáculo se apresenta em cada mergulho. A dança das raias-mantas, por exemplo: elas ficam ao meu redor se deliciando com as bolhas que saem do regulador, passando por cima da minha cabeça para as bolhas chegarem na parte ventral do seu corpo. Quando isso acontece, elas dão uma "tremidinha" como se estivessem em êxtase. O tubarão-baleia chega curioso para ver quem é aquele ser estranho no seu mundo, se aproximando com aqueles olhos minúsculos e desproporcionais ao tamanho do seu corpo.

A paisagem de São Pedro e São Paulo é totalmente singular, com um imenso paredão, a parte submersa da rocha, que se estende até uma profundidade de 3.500 m ao seu lado e, abaixo de você, um azul-escuro que termina em um fundo que não se vê e de onde sobem os bichos. Vulnerável. É assim que você (ou eu) se sente em um ambiente tão inóspito, fascinante e perigoso, cheio de correntes marinhas em várias direções. As algas de lá são um espetáculo à parte, de um verde profundo e um movimento que revela a força do mar. Restos de naufrágio indicam o quanto é arriscado estar naquela ponta de pedra. É tudo muito intenso!

Noronha é a minha casa. Aqui o testemunho da natureza é dado por nós que mergulhamos muito. Dá para ver as consequências das alterações climáticas, que modificam a paisagem. Um dos maiores efeitos do aquecimento dos oceanos é o branqueamento dos corais e talvez estejamos vivendo o maior desses eventos. Mas aqui tive o imenso prazer de mergulhar com vários animais, especialmente com golfinhos. Quando um deles nos escolhe, chega bem perto e olha no fundo dos seus olhos, e você se pergunta "por que eu?" Aquele momento é só seu. Não consigo descrever essa sensação em palavras nem revelar numa fotografia. É o ápice de quem tem afinidade com o mar.

O mar é o meu meio de sustento, de paz, alegria e diversão. Ao falar dele, eu transfiro meu conhecimento. E conhecendo o mar, eu tenho a responsabilidade de defendê-lo e respeitá-lo. Se o número de pessoas que se comprometem com a conservação marinha aumentar ao verem minhas fotografias ou ouvirem aquilo que conheço do mar, sinto que, de alguma forma, estou devolvendo os benefícios que recebo.

UNDERWATER, A WORLD OF SENSATIONS

ZAIRA MATHEUS
BIOLOGIST, DIVER AND PHOTOGRAPHER

The sensation of being underwater is always unique. Every time I put on my mask and look around, I wonder: 'My God! Who am I in this dimension?' I've lived in Fernando de Noronha since 1999. My path in life brought me here – the best place in Brazil for diving. Photography allows me to show a glimpse of my feelings and of the submerged landscape, accessible to so few people.

This story, however, begins much earlier. I was born a long way from the sea, in Paraguaçu Paulista. I must have been about 12 when my older sister took me to Ilhabela, on the São Paulo coast. That's when I wore a mask for the first time. My memory of that moment is one of fright. I lifted my head out of the water, afraid, but at the same time felt challenged and drawn in. To this day I still have that feeling of awe at the unknown.

Years later, I spent some holidays in Paraty--Mirim, in Rio de Janeiro, where I learnt to dive sharing a snorkel with a friend, bringing me into intimate contact with the sea. I got a place on the biology course at Mackenzie University and, among the various jobs I had as a student, I worked as a receptionist at a swimming and diving school. There, I learnt to scuba dive and became an instructor in 1989. Since then, diving has never been out of my life.

I moved again, this time to Ubatuba, now a certified diving instructor with a biology degree. I did an internship at the Instituto de Pesca [Fishing Institute], worked as a teacher in state and private schools and caught a lot of waves. Surfing is another good thing in my life. The scuba check-out dives were done often in Paraty, Rio de Janeiro, where I started learning underwater filming.

The big turning point came when a friend asked me to work in Fernando de Noronha, which has always been any diver or surfer's dream. I decided that would be my place. Here I honed my cinematography skills and became a photographer. I took up photography in 2002 and it became another branch of my life.

I can safely say that I know every inch of Fernando de Noronha underwater. I've guided a lot of people and it gives me great pleasure to photograph someone next to a turtle, a shoal or coral. I'm sure that photo will have an impact on their life and plant a seed for ocean conservation. I've dived in the same place so many times and it never ceases to surprise me. The landscape changes either because the water is clearer or because different animals appear. These photographs are important for me, for the people, for the researchers and for the future. For my master's degree, in 2013, I carried out a study of the benthic community (organisms that reside associated to the seabed) at 12 stations in Noronha. I took more than five thousand photographs between 10 and 50 metres deep to analyse this biodiversity. Photography has become a powerful tool for science and conservation.

I have dived in places that have provided me with unforgettable moments. At the Rocas Atoll, I witnessed green turtles mating, saw sharks, shoals of lane snapper so big that you get lost in them, tiny octopuses and other rare animals. In the Abrolhos archipelago, the wealth of species and variety of corals is fascinating.

In the São Pedro and São Paulo archipelago, every dive is show time. The dance of the manta rays, for example: they swim next to me enjoying the bubbles that come out of the diving regulator, passing over my head so the bubbles hit their bellies. When this happens, they 'shudder' as if in ecstasy. The whale shark comes along, curious about this strange being in its world, it approaches with those tiny eyes, disproportionate to the size of its body.

The landscape of São Pedro e São Paulo is totally unique; there is an immense wall, the submerged part of the rock, which stretches down to a depth of 3,500 metres by your side and, below you, a dark blue that fades into an invisible bottom from where the animals swim up. Vulnerable. That's how you (or I) feel in such an inhospitable, fascinating and dangerous environment, with ocean currents pulling in different directions. The seaweed there is a spectacle in itself, with a deep green colour and a movement that reveals the power of the sea. The remains of shipwrecks point to how risky it is to be at rocky edge. It's all very intense!

Noronha is my home. Here the testimony of nature is given by those of us who are always diving. You can see the consequences of climate change, which is altering the landscape. One of the biggest effects of ocean warming is coral bleaching and we are perhaps experiencing the most severe case of this. But I've had the huge pleasure of snorkelling with various animals here, especially dolphins. When one of them picks you out, gets really close and looks deep into your eyes, you wonder 'why me?' That moment is yours alone. I can't describe that feeling in words or reveal it in a photograph. It's the pinnacle for those who have an affinity with the sea.

The sea is my means of sustenance, peace, joy and fun. When I talk about it, I transfer my knowledge. By knowing the sea, I have a responsibility to defend and respect it. If the number of people who commit themselves to marine conservation increases when they see my photographs or hear what I know about the sea, I feel that, in some way, I'm giving back the benefits I enjoy.

CAIU NA REDE, NÃO É PEIXE

TATIANA NEVES
BIÓLOGA, ESPECIALISTA EM AVES MARINHAS, FUNDADORA E COORDENADORA DO PROJETO ALBATROZ

Em uma foto em preto e branco, apareço bebê, às gargalhadas, colocando os pés no mar pela primeira vez. Isso foi na Praia Grande, no litoral paulista. Vovô Chico Neto construiu uma casinha na quase inabitada Vila Tupi e gravou no chão: "Paraíso das minhas netas". Minha irmã e eu passávamos os dias na praia, a boca roxa, assada de sal. Conhecia as nuances da pesca de vara e molinete que meu pai e avô faziam, a água pelo peito, de pé no banco de areia. Quando meu avô chegava para limpar os peixes, eu acompanhava atenta, trepada num banquinho. Remexíamos as vísceras, investigando cada órgão. Muitas vezes encontrávamos parasitos nas brânquias, eu ficava fascinada!

Vez por outra, aparecia um aglomerado de pessoas na praia e corríamos para ver os homens puxando a rede do arrastão. Essa forma de pesca hoje é proibida pois, além de destruir o fundo arenoso e arrancar toda forma de vida do mar, captura uma enorme quantidade de espécies sem qualquer interesse comercial – o que chamamos de *bycatch* ou captura incidental. Ao ver as criaturinhas presas nas malhas da rede, Paty e eu incorporávamos super-heroínas – as "Vermãs"! – e salvávamos peixinhos, moluscos, estrelas-do-mar e siris, que as corajosas irmãs sabiam pegar sem levar "mordidas" das "garras ferozes", para espanto do público ao redor.

O que me fez trilhar o caminho da conservação marinha? Estou certa de que teve a ver com as vivências da minha infância! A paixão pelo mar despertou o sentimento de urgência em proteger esse ecossistema das ameaças que levam espécies à beira da extinção. É o caso dos albatrozes e petréis, aves marinhas extremamente suscetíveis às atividades humanas.

Os albatrozes podem viver até 80 anos, e começam a se reproduzir aos 10 anos, dependendo da espécie. Colocam apenas um ovo por ciclo, e precisam de longos períodos para chocar e alimentar o filhote. Assim, os grandes albatrozes só se reproduzem uma vez por ano em locais inóspitos na região Antártica ou Subantártica. Migram soberanos ao redor do mundo, com asas que chegam a incríveis 3,5 metros de envergadura.

Em 1990, um pesquisador chegou ao Instituto de Pesca em Santos, São Paulo, com aves que haviam sido capturadas em um barco de pesca com espinhel, apetrecho que reúne centenas de anzóis para pescar atuns, espadartes e outras espécies. Ninguém conhecia aquelas aves, e então chamaram a estudante de biologia que vivia pelos corredores do instituto.

Todos sabiam que eu era interessada por aves, pois convivia com atobás, fragatas e gaivotas que se reproduziam nas ilhas paulistas onde praticava mergulho sub. Um olho embaixo d'água, outro acima das pedras para observar os ninhais em Alcatrazes e na Laje de Santos. Foi lá que descrevi, de forma inédita no Brasil, a reprodução do trinta-réis-real. O local se tornou o primeiro parque estadual marinho de São Paulo, e eu inaugurei sua gestão.

Quando cheguei para identificar as aves, elas estavam estiradas no chão do estacionamento do Instituto de Pesca. Foi aí, minha gente, que Deus tocou a alma da ser-humaninha que cresceu no mar, e fez-se a luz!

Como poderia um coração tão apaixonado pela vida, pela natureza e pelo oceano conviver com o fato de que aquelas criaturas fabulosas, sublimes como o divino, estavam sendo sistematicamente dizimadas de forma tão desnecessária? Como imaginar que um albatroz gigante, lindo, leve, deslizando sobre os oceanos, possa, ao pegar seu alimento na superfície, sem perceber o anzol escondido, ser fisgado e arrastado irremediavelmente para o fundo do mar, morrendo afogado? Tristeza e perplexidade tiraram o meu sono até que, inspirada em outros projetos de conservação marinha, saltei com o coração confiante: vou criar uma iniciativa para solucionar esse problema! Nasceu assim, em 1990, o Projeto Albatroz.

Depois de muito pelejar no terceiro setor, obtivemos os primeiros apoios financeiros, e em 2006 fomos escolhidos no disputado edital do Programa Petrobras Socioambiental. Em 2012, passamos a compor a renomada Rede de Conservação da Biodiversidade Marinha (Biomar), ao lado de projetos patrocinados pela petroleira. Hoje, o Albatroz tem bases em diversos estados e atua em várias frentes – pesquisa, desenvolvimento tecnológico, educação ambiental e políticas públicas, dentro e fora do Brasil.

Olho para trás e me lembro da menininha que brincava nas ondas da Praia Grande, atenta a tudo que poderia ameaçar o mar. Olho para a frente e vejo a mudança do cenário global e a efervescência de novas propostas e visões sobre conservação do meio ambiente. Vejo a ascensão de mulheres como protagonistas, o fortalecimento de coletivos de jovens, as iniciativas para formar novas lideranças ambientais, o foco no combate às crises climática e da biodiversidade, o norte dado pelo Tratado Global dos Oceanos acordado pela ONU em 2023.

Ainda há muito a ser feito para que a humanidade reconheça plenamente as ameaças ambientais e adote medidas de conservação eficazes de maneira sistemática. Isso exigirá esforços combinados de educação, política, tecnologia e cooperação global. Mas não posso deixar de reconhecer que, sob a luz da Década do Oceano, o engajamento de novos corações para a conservação marinha é caminho sem volta. É dessa energia que precisamos para envolver a sociedade de forma decisiva para virar o jogo.

Para saber mais
Visite os sites:
Projeto Albatroz

The Agreement on the Conservation of Alabatrosses and Petrels [Acordo sobre a Conservação de Albatrozes e Petréis]

CAUGHT IN THE NET, BUT IT'S NOT FISH

TATIANA NEVES
BIOLOGIST, SEABIRD SPECIALIST, FOUNDER AND COORDINATOR OF THE ALBATROSS PROJECT

There's a black and white photo of me as a baby, laughing as I put my feet in the sea for the first time. That was in Praia Grande, on the São Paulo coast. Grandpa Chico Neto built a little house in the almost uninhabited Vila Tupi and carved into the floor: 'My granddaughters' paradise'. My sister and I would spend our days on the beach, with purple, salt-burned mouths. I was familiar with the nuances of the rod and reel fishing that my father and grandfather practised – water up to their chests, standing on the sandbank. When my grandfather came in to clean the fish, I would climb up and sit on a stool to watch intently. We would rummage through the viscera, investigating each organ. We often found parasites in the gills, and I was fascinated!

Every now and then, a cluster of people would turn up on the beach and we'd run to see the men pulling in the trawler net. This form of fishing is banned today because, as well as destroying the sandy seabed and uprooting every life form in the sea, it catches a huge number of species with no commercial value – what we call bycatch. Seeing the little creatures trapped in the meshes of the net, Paty and I embodied superheroes – the 'Superworms'! – and we would save little fish, molluscs, starfish and crabs, which the brave sisters knew how to pick up without getting 'bitten' by the 'ferocious claws', much to the amazement of the surrounding public.

What made me follow the path of marine conservation? I'm sure it had something to do with my childhood experiences! A passion for the sea sparked a sense of urgency to protect this ecosystem from the threats that bring species to the brink of extinction. This is the case with albatrosses and petrels, seabirds that are extremely susceptible to human activities. Albatrosses can live for up to 80 years and start breeding at the age of 10, depending on the species. They only lay one egg per cycle and need long periods of time to brood and then feed their chick. So, great albatrosses only breed once a year in inhospitable locations in the Antarctic or sub-Antarctic region. They migrate supremely around the world, their wingspan reaching up to an incredible 3.5 metres.

In 1990, a researcher arrived at the Fisheries Institute in Santos, São Paulo, with birds that had been caught on a fishing boat using a long line, a device that combines hundreds of hooks to catch tuna, swordfish and other species. Nobody knew these birds, so they called the biology student who was always around in the corridors of the institute.

Everyone knew I was interested in birds, as I would watch the brown boobies, frigatebirds and gulls that bred on the São Paulo islands where I practised snorkelling. One eye under the water, the other above the rocks to observe the nests on Alcatrazes and Laje de Santos. That was there I described the royal tern's breeding, the first time it had been described in Brazil. The site became São Paulo's first state marine park, and I was its first manager.

When I arrived to identify the birds, they were stretched out on the floor of the Fisheries Institute car park. It was then, my friends, that God touched the soul of the little human being who grew up in the sea, and the light came on!

How could a heart so passionate about life, nature and the ocean live with the fact that these fabulous, divinely sublime creatures were being systematically decimated in such an unnecessary way? Can you imagine a giant albatross, so beautiful and light, gliding over the oceans, catching its food on the surface of the water when, without noticing the hidden fishing hook, is snared and dragged irretrievably to the bottom of the sea, drowning? Overcome with sadness and bewilderment, I couldn't sleep until, inspired by other marine conservation projects, I leapt into action with a heart full of confidence: I will create an initiative to solve this problem! Thus, in 1990, the Albatross Project was born.

After campaigning hard in the voluntary sector, we got our first sources of funding, and in 2006 we were chosen for the Petrobras Socio-Environmental Programme. In 2012, we joined the renowned Marine Biodiversity Conservation Network (Biomar), together with projects sponsored by the oil company. Today, the Albatross has bases in several states and works on various fronts, including research, technological development, environmental education and public policies, both in Brazil and abroad.

I look back and remember the little girl playing in the waves of Praia Grande, alert to everything that could threaten the sea. I look ahead and see the changing global scenario and the enthusiasm of new proposals and visions on environmental conservation. I see the rise of women as protagonists, the strengthening of youth collectives, initiatives to train new environmental leaders, the focus on combating the climate and biodiversity crises, the direction taken by the Global Ocean Treaty agreed by the UN in 2023.

There remains much to be done for humanity to fully recognise environmental threats and systematically adopt effective conservation measures. This will require the combined efforts of education, politics, technology and global co-operation. But I must also acknowledge that, with the Decade of the Ocean in mind, engaging new hearts in marine conservation is a one-way road. This is the energy we need to get society involved definitively to turn the tide.

Find out more

Visit the websites:

Projeto Albatroz [Albatross Project]

The Agreement on the Conservation of Alabatrosses and Petrels [Acordo sobre a Conservação de Albatrozes e Petréis]

LABORATÓRIO OCEANO – UMA CIENTISTA INTERDISCIPLINAR

LEANDRA REGINA GONÇALVES

PROFESSORA NO INSTITUTO DO MAR DA UNIVERSIDADE FEDERAL DE SÃO PAULO – UNIFESP. É BIÓLOGA, DOUTORA PELO INSTITUTO DE RELAÇÕES INTERNACIONAIS E PÓS-DOUTORA PELO INSTITUTO OCEANOGRÁFICO DA UNIVERSIDADE DE SÃO PAULO – USP.

Eu nasci em Jundiaí, no interior de São Paulo, uma cidade abraçada pela natureza, no pé da Serra do Japi, um dos últimos remanescentes da Mata Atlântica no estado. Embora o mar estivesse longe, a natureza sempre esteve perto, sussurrando segredos e ensinamentos. As idas à praia com a família e amigos eram momentos mágicos, quando contemplava a vastidão azul do mar, sem imaginar o que se escondia nas profundezas daquele universo aquático.

No ensino médio, fomos ao litoral de Ubatuba para vivenciar a ciência e a vida marinha. Essa viagem despertou em mim uma paixão avassaladora: eu queria ser cientista e trabalhar com o mar.

A vida, assim como o oceano, não é linear. Ela se constrói em ondas. Inscrevi-me para o vestibular em Biologia sem hesitação e fui aprovada em uma faculdade longe do mar. No entanto, isso não me impediu de perseguir meu sonho. Em todas as férias e feriados, buscava estágios e experiências no litoral. Fui acolhida por projetos incríveis: Projeto Tamar, Projeto Baleia Franca, Projeto Baleia Jubarte, Projeto Albatroz e Projeto Baleia de Bryde. Nessas iniciativas, entre seres gigantes e mulheres inspiradoras, me formei e cresci.

Concluí meu mestrado com um desconforto no coração. Sentia que a ciência precisava ser mais ouvida, que as políticas públicas eram frequentemente guiadas por interesses alheios ao conhecimento científico. Decidi então atuar no terceiro setor. Passei cinco anos no Greenpeace, onde tive oportunidades incríveis, incluindo de assumir a posição de cientista-chefe em uma expedição à Antártica. Lá, mostramos que era possível fazer ciência sem caçar baleias. Sim, por muito tempo a caça de baleia no Japão foi travestida de ciência. Desenvolvemos uma campanha pela proteção do oceano, construída com muitas mãos, conhecendo o litoral, engajando voluntários, participando de reuniões em Brasília e acompanhando acordos internacionais. Mas percebi que isso não era suficiente.

Trabalhei por mais cinco anos na Fundação SOS Mata Atlântica, onde facilitamos a construção de uma lei para o mar, o Projeto de Lei 6.969/2013, que busca organizar e compatibilizar uso e conservação para o sistema costeiro-marinho brasileiro. Motivada a entender como construir melhores políticas, voltei para a academia. Encontrei meu lugar na Universidade de São Paulo: fiz doutorado em Relações Internacionais e pós-doutorado no Instituto Oceanográfico.

Nesse caminho, testemunhei muitas injustiças e vi mulheres incríveis não serem reconhecidas por seus esforços em prol do oceano: na ciência, na política e na pesca. Em 2019, ajudei a fundar a Liga das Mulheres pelo Oceano, um farol para todas aquelas que trabalham com o oceano e um exemplo para a nova geração de garotas que, como eu, sonham em seguir essa carreira. Hoje, a Liga conta com mais de 2.500 mulheres em todo o Brasil, e juntas somos mais fortes. Muitas dessas mulheres olham para o espaço que habitam e são capazes de reconhecer a desigualdade de gênero e raça.

Em 2021, tornei-me professora e pesquisadora no Instituto do Mar, minha nova morada, dessa vez próximo do litoral. Mudar de área pode assustar, mas eu aprendi que não estamos realmente mudando; estamos nos reconhecendo na interdisciplinaridade, essencial para lidar com os complexos problemas que afetam a saúde do oceano. Uma visão interdisciplinar nos torna especialistas em generalidades e complexidades. Quem ensina é o laboratório oceano.

Dedico horas a levar o conhecimento à construção de políticas públicas. Gosto de me envolver em discussões internacionais, contribuindo com relatórios da ONU, como o World Ocean Assessment, o Painel Intergovernamental para Biodiversidade e Serviços Ecossistêmicos e o Global Environmental Outlook 6. As pessoas pensam que o laboratório é formado apenas por lentes, microscópios e tanques, mas o meu é o litoral: um laboratório a céu aberto. E os elementos que se misturam são os seres humanos, a biodiversidade, o território, as políticas e o uso que se faz desse ambiente. Gosto de ir a campo com os alunos e as alunas, conviver com as pessoas, entender seus modos de vida e compreender como é que está sendo construída a relação seres humanos e natureza. É o laboratório oceano.

Nesse laboratório cabem também territórios onde são tomadas decisões e construídas as políticas públicas, como o Congresso Nacional, instância em que o poder muitas vezes impede a construção de boas políticas. Cabem as reuniões e conferência das partes, nas quais os países se juntam para defender seus interesses e definir o futuro do oceano e do planeta. O laboratório é onde a pesquisa pode ser a vida real, a praia, o oceano, a sociedade que vive e habita o mar. E por meio desse olhar, dessas perspectivas, produzimos conhecimento para transformar a forma como lidamos com o oceano e com os recursos naturais.

Nesse sistema costeiro-marinho que habitamos, a natureza provê contribuições para o bem-estar humano e para a nossa qualidade de vida. Nem sempre essas contribuições são acessadas de forma igualitária por todos os cidadãos e grupos. Alguns se beneficiam mais que outros. E alguns, inclusive, degradam mais que outros. É para corrigir essas desigualdades que devem existir políticas melhores, mais inclusivas, construídas no território, de forma participativa, com as pessoas. É nisso que eu acredito. E mesmo diante de análises pessimistas, é importante ter otimismo na ação.

Acredito profundamente que a educação transforma vidas e que uma ciência inclusiva e acolhedora pode deixar um legado de transformação para o mundo e para nosso oceano. Precisamos olhar e lidar com o oceano de uma maneira diferente, com respeito e cuidado, reconhecendo seu papel essencial na nossa vida e na saúde do planeta. Precisamos olhar o oceano e enxergar a biodiversidade, e também as pessoas, e promover um ambiente justo e menos desigual para todos.

OCEAN LABORATORY – AN INTERDISCIPLINARY SCIENTIST

LEANDRA REGINA GONÇALVES
PROFESSOR AT THE INSTITUTO DO MAR AT THE UNIVERSIDADE FEDERAL DE SÃO PAULO – UNIFESP. SHE IS A BIOLOGIST, WITH A PHD FROM THE INSTITUTE OF INTERNATIONAL RELATIONS AND A POST-DOCTORATE FROM THE OCEANOGRAPHIC INSTITUTE OF THE UNIVERSIDADE DE SÃO PAULO – USP.

I was born in the interior of São Paulo, in Jundiaí, a city embraced by nature that lies at the foot of the Serra do Japi, one of the last remnants of Atlantic Forest in the state. Although the sea was some distance away, nature was always nearby, whispering its secrets and teachings. Trips to the beach with family and friends were magical moments; I would look out at the blue expanse of the sea, without ever imagining what was hidden in the depths of that aquatic universe.

At secondary school, we went to the coast of Ubatuba to experience science and marine life. That trip sparked an overwhelming passion in me: I wanted to be a scientist and work with the sea.

Life, like the ocean, is not linear. It is built in waves. Without thinking twice I applied for the biology entrance exam and got a place at a university far from the sea. However, that didn't stop me from pursuing my dream. During vacations or on public holidays, I would always look for work experience opportunities on the coast. I was welcomed by some incredible projects: Projeto Tamar [Tamar Project], Projeto Baleia Franca [Right Whale Project], Projeto Baleia Jubarte [Humpback Whale Project], Projeto Albatroz [Albatross Project] and Projeto Baleia de Bryde [Bryde's Whale Project]. It was in these initiatives, among giant creatures and inspirational women, that I developed and grew.

I completed my master's degree with uneasiness in my heart. I felt that science needed to be heard more, that public policies were often guided by interests divorced from scientific knowledge. So I decided to work in the third sector. I spent five years at Greenpeace, where I had incredible opportunities, including becoming chief scientist on an expedition to Antarctica. There, we showed that it was possible to do science without hunting whales. Indeed, for a long time whaling in Japan was dressed up as science. We developed an ocean protection campaign, built with many pairs of hands, getting to know the coast, engaging volunteers, taking part in meetings in Brasília and following up on international agreements. But I realised that it wasn't enough.

I worked for another five years at the SOS Mata Atlântica Foundation, where we facilitated the creation of a law for the sea, Bill 6.969/2013, aimed at organising and aligning use and conservation for the Brazilian coastal-marine system. Driven by a will to understand how better policies can be built, I returned to academia and found my place at the University of São Paulo: I did a doctorate in International Relations and a post-doctorate at the Oceanographic Institute.

Along the way, I have witnessed numerous injustices and seen incredible women go unrecognised for their efforts on behalf of the ocean: in science, politics and fishing. In 2019, I helped found the League of Women for the Ocean, a beacon for all those who work with the ocean and an example for the new generation of girls who, like me, dream of pursuing this career. Today, the League is composed of more than 2,500 women throughout Brazil, and together we are stronger. Several of these women look at the space they inhabit and can recognise gender and racial inequality.

In 2021, I became a professor and researcher at the Instituto do Mar, my new home, this time near the coast. Changing fields can be scary, but I've learned that we're not really changing; we're recognising each other in the interdisciplinary way that is essential to tackling the complex issues that affect the health of the ocean. An interdisciplinary vision makes us specialists in generalities and complexities. It's the ocean laboratory that teaches us.

I dedicate hours to bringing knowledge to public policy formulation. I like to get involved in international discussions, contributing to UN reports such as the World Ocean Assessment, the Intergovernmental Panel on Biodiversity and Ecosystem Services and the Global Environmental Outlook 6. People think that a laboratory is just lenses, microscopes and tanks, but mine is the coast: an open-air laboratory. And the elements that we mix there are human beings, biodiversity, territory, policies and the use that is made of this environment. I enjoy going out into the field with the students, spending time with the locals, understanding their ways of life and how the relationship between human beings and nature is being constructed. It's the ocean laboratory.

This laboratory also includes areas where decisions are made and public policies are formulated, such as the National Congress, where power often prevents the creation of good policies. It includes stakeholder conferences and meetings, where countries come together to defend their interests and define the future of the ocean and the planet. The laboratory is a place of research, but it can also be real life, the beach, the ocean, the society that lives and inhabits the sea. And through this vision, these perspectives, we produce knowledge to transform the way we deal with the ocean and natural resources.

In this coastal-marine system that we inhabit, nature provides contributions to human well-being and our quality of life. But sometimes not all the citizens and groups have equal access to those contributions. Some benefit more than others. And some even degrade more than others. These inequalities should be corrected by better, more inclusive policies, constructed in the territory with the joint participation of the people. That's what I believe in. And even in the face of pessimistic analyses, it's important to be optimistic in our actions.

I deeply believe that education transforms lives and that an inclusive and embracing science can leave a legacy of transformation for the world and for our ocean. We need to view and handle the ocean in a different way, with respect and care, recognising its essential role in our lives and in the health of the planet. We need to look at the ocean and see biodiversity, but also people, and promote a fair and less unequal environment for all.

PORQUE O MAR É MÃE

PATRICIA FURTADO DE MENDONÇA
MESTRE EM TEATRO PELA UNIRIO, GRADUADA EM ARTES, MÚSICA E ESPETÁCULO PELA FACULDADE DE LETRAS E FILOSOFIA DA UNIVERSIDADE DE BOLONHA, ITÁLIA. FUNDADORA E CEO DA ACQUA MATER.

Água foi a primeira palavra que eu disse em minha vida, antes de dizer "papai" ou "mamãe". Eu tinha pouco mais de um ano, estava no colo da minha mãe, apontava para um lago e pedia para ir até lá.

Sempre busquei o caminho das águas que me levassem de volta ao mar. Ainda pequena, se estava em casa, vivia no chuveiro ou dentro do velho tanque de mármore usado para lavar roupas. Se estava perto de um lago, cachoeira ou rio, ia direto para lá. Se estava próximo ao mar, corria em sua direção como criança rumo aos braços da mãe. O mar, para mim, sempre foi mãe, casa, corpo.

Nasci e cresci no Rio de Janeiro. Uma das minhas primeiras lembranças ligadas ao mar é a mão imensa do meu avô materno cavando a areia da praia para fazer uma piscininha pra mim. Ele a cobria com um grande plástico e fazia um túnel comprido que a ligava ao mar. Eu ficava sempre à espera da próxima onda, que trazia mais água salgada para me abraçar.

Durante o período escolar, adolescente, muitas vezes levava biquini, canga e chinelo dentro da mochila. Saía do colégio, pegava um ônibus e ia, sozinha ou com amigas, à praia de Ipanema. Lá estudava ou ficava conversando com o mar. Durante as férias, fazia isso praticamente todo dia.

Cresci ouvindo esse chamado do mar, mas passou muito tempo até que eu entendesse que ele, e todas as águas que dele saem e para ele voltam, era a verdadeira direção da minha vida.

Com 21 anos, abandonei a carreira de atriz na TV Globo, parti para a Europa e viajei sozinha por um ano e meio. Nesse período, uma experiência me marcou profundamente: um mês mergulhando de narguilê, todo dia, na Ilha da Madeira, Portugal. Percebi que podia dançar, livre, debaixo d'água. Tinha encontrado meu lugar no mundo. Descobri-me baleia.

Meses depois, na Itália, passei a seguir uma pesquisa de bailarinos e osteopatas sobre as origens do movimento em nosso corpo, o que me levou a investigar as origens da vida no fundo do mar. Comecei a praticar dança subaquática em apneia para despertar, em meu corpo, minhas "memórias marinhas".

Foi uma reviravolta. Como explicar o despertar de memórias do que não vivi, a lembrança de sensações experimentadas no útero da minha mãe e sonhos oceânicos absurdamente reais?

Dediquei dois anos inteiros a uma densa pesquisa teórico-prática sobre nossas memórias marinhas e sobre as memórias da água, atravessando as ciências humanas, sociais e naturais. Aportei na biologia para explicar a mim mesma como nossas células guardam a memória de todas as águas das nossas origens.

Após 12 anos na Itália, voltei ao Brasil para fazer um doutorado inspirado nesses temas. E tudo mudou novamente. Um desafio não planejado segue outro inesperado, e fui surfando as ondas do destino: aceitei trabalhar para uma ONG coordenando um projeto de educação ambiental por meio da arte; segui para o setor privado, trabalhei na área de responsabilidade social corporativa e, depois, em recursos humanos, com treinamento & desenvolvimento; atuei como professora da graduação em Teatro e da pós-graduação em Educação Ambiental da PUC-Rio; trabalhei como tradutora e intérprete de conferência, traduzindo livros de teatro e documentos técnicos de empresas, ou em congressos internacionais; produzi *workshops* e festivais de teatro e dança entre Rio de Janeiro e São Paulo com artistas estrangeiros; prestei consultoria para artistas que precisam de orientação para inscrever seus projetos em editais; ensaiei uma volta ao teatro, como atriz, para estrear um espetáculo sobre nossas memórias marinhas; comecei a conduzir cursos e a dar sessões individuais de danças aquáticas.

Aos 45 anos, tive uma crise profissional ao tentar responder aos anseios de uma sociedade que busca me enquadrar numa única carreira: mas o que você é? Comecei a me perguntar: qual dessas carreiras devo seguir? Não encontrando a resposta, pois adorava fazer tudo, mudei a pergunta numa madrugada em que não conseguia dormir: o que mais amo na vida? A resposta é fácil: a água, o oceano.

Pulei da cama, corri para o escritório, espalhei folhas brancas no chão e esbocei o que viria a ser a Acqua Mater. Descobri que o eixo não precisava ser "a carreira", mas "o tema"! Eu poderia fazer tudo o que sempre havia feito. Mas agora tinha um foco. E usava minha voz.

Fundei a Acqua Mater em 2017 e a defino como "uma organização brasileira, com atuação global, que promove saúde e vida a partir do cuidado de todas as águas que circulam no planeta, cujos projetos transdisciplinares são voltados à conservação, à regeneração e à sustentabilidade do Mundo Água-Oceano".

Hoje, apresento e modero eventos, dou palestras, mentorias, consultorias e treinamentos, idealizo e coordeno projetos, traduzo e escrevo textos, facilito atividades de reconexão com as águas, com o oceano. Trabalho com crianças, jovens e adultos de diversas nacionalidades, origens, religiões e camadas sociais. Convivo com CEO de uma multinacional e com uma mulher indígena do interior da Amazônia. Falo de economia azul e de ancestralidade feminina, de transição energética e de comportamento, de sustentabilidade do oceano e de saúde humana, de água e saneamento e de espiritualidade, de cultura oceânica e de emoções. Está tudo liquidamente conectado.

Sou filha das águas. Nasci no mar interno do ventre da minha mãe. Do meu umbigo parte invisivelmente uma espécie de fio de Ariadne que atravessa as espirais do tempo e do espaço e me liga à primeira célula viva do oceano primordial.

O que faço, hoje, é restituir.

Porque o Mar, ou melhor, a Mar (sim, no feminino, e com amor!), é Mãe.

BECAUSE THE OCEAN IS MOTHER

PATRICIA FURTADO DE MENDONÇA
MASTER'S DEGREE IN THEATER FROM UNIRIO, GRADUATED IN 'ARTS, MUSIC AND PERFORMANCE' FROM THE FACULTY OF LANGUAGES AND PHILOSOPHY OF THE UNIVERSITY OF BOLOGNA, ITALY. FOUNDER AND CEO OF ACQUA MATER

Water was the first word I said in my life, before 'daddy' or 'mommy.' At just over a year old, I was in my mother's arms when I suddenly saw a lake, pointed to it, and asked to go there.

That's how it has always been: seeking the path of the waters that would take me back to the sea. As a little girl, if I was at home, I would spend my time in the shower or inside the old marble tank used for washing clothes. If I was near a lake, waterfall, or river, I would go straight into the water. If I was near the sea, I would run towards it like a child running into their mother's arms. The ocean, for me, has always been mother, home, body.

I was born and raised in Rio de Janeiro. One of my first memories related to the sea is my maternal grandfather's huge hand digging a small pool in the beach sand. He would cover it with a big plastic sheet and make a long tunnel to connect it to the sea. I was always waiting for the next wave, bringing more saltwater to embrace me.

During my school years, as a teenager, I often carried a bikini, a beach towel, and flip-flops in my backpack. After school, I would take a bus and go, either alone or with friends, to Ipanema beach. There, I would study or talk to the sea. During vacations, I would go to the beach almost every day.

I grew up feeling the call of the sea. But it took a long time for me to understand that the sea, and all the waters that flow from it and back to it, was the true direction of my life.

At 21, I abandoned my acting career at Globo TV and left for Europe. I travelled alone for a year and a half. During this period, one experience profoundly marked me: a month of daily diving with a hookah system on Madeira Island, Portugal. I discovered that I could dance, freely, underwater. I had found my place in the world, discovering myself as a whale.

Months later in Italy, I joined a research project led by dancers and osteopaths focused on the origins of movement in our bodies. This prompted me to investigate the origins of life in the depths of the sea. I started practicing underwater dance in apnea to awaken, within my body, my 'marine memories.'

It was a turning point. How could I explain the awakening of memories of things I had never lived, the remembrance of sensations experienced in my mother's womb, and vividly real oceanic dreams?

It was then that I dedicated two whole years to intensive theoretical and practical research on our marine memories and on the memories of water, traversing human, social, and natural sciences. I delved into biology to explain to myself how our cells hold the memory of all the waters from our origins.

After 12 years in Italy, I returned to Brazil to pursue a PhD inspired by these themes. But everything changed again. One unplanned challenge followed another unexpected one, and I went surfing the waves of destiny: I joined an NGO to coordinate an environmental education project through art; I transitioned to the private sector working in Corporate Social Responsibility and later in Human Resources, with Training & Development; I became a professor in the Undergraduate Theatre program and the Postgraduate Environmental Education program at PUC-Rio; I encompassed roles as a translator and conference interpreter, translating theatre books and technical company documents, and participating in international congresses; I produced theatre and dance workshops and festivals between Rio de Janeiro and São Paulo with international artists; I provided consultancy for artists navigating project submissions; I considered returning to acting in theatre with a performance about our marine memories; I began leading workshops and offering individual sessions of aquatic dances.

At 45, I had a professional crisis trying to meet the expectations of a society that seeks to pigeonhole me into a single career: But what are you? I started asking myself: Which of these careers should I follow? Unable to find the answer, because I loved doing everything, I changed the question one sleepless night: What do I love most in life? The answer was easy: Water, the Ocean.

I jumped out of bed, ran to the office, spread white sheets of paper on the floor, and outlined what would become Acqua Mater. I discovered that the focus didn't have to be 'the career,' but 'the theme'! I could do everything I had always done. But now I had a focus. And I could use my own voice.

I founded Acqua Mater in 2017 and defined it as 'a Brazilian organization, with global operations, that promotes health and life through the care of all the waters circulating on the planet, whose transdisciplinary projects are aimed at the conservation, regeneration, and sustainability of the Water-Ocean World.'

Today, I present and moderate events, give lectures, mentorships, consultancies, and training, conceptualise and coordinate projects, translate and write texts, facilitate experiences of reconnection with the waters, with the ocean. I work with children, young people, and adults of various nationalities, ethnicities, religions, and social strata. I go from the CEO of a multinational company to an indigenous woman from the Amazon rainforest. I talk about the blue economy and female ancestry, energy transition and behavior, ocean sustainability and human health, water & sanitation and spirituality, ocean literacy and emotions. It's all liquidly interconnected.

I was born from the waters. My first home was the inner sea of my mother's womb. Invisibly from my navel extends a kind of Ariadne's thread, crossing the spirals of time and space, connecting me to the first living cell of the primordial ocean.

Now I'm just giving back.

Because the Ocean is Mother.

CURRÍCULOS | RESUMÉS

Organizadoras
Editors

Leandra Regina Gonçalves

Professora no Instituto do Mar da Universidade Federal de São Paulo (Unifesp). Bióloga, doutora pelo Instituto de Relações Internacionais e pós-doutora pelo Instituto Oceanográfico da Universidade de São Paulo (USP). Pesquisa gestão e governança costeira e marinha há mais de 15 anos, focando na interface ciência–política e em questões de gênero no oceano. Integra a Plataforma Brasileira de Biodiversidade e Serviços Ecossistêmicos, além de contribuir com relatórios da Organização das Nações Unidas (ONU, GEO6, IPBES, WOA). Idealizadora da Liga das Mulheres pelo Oceano, coordena o projeto Weblue sobre mulheres no oceano, endossado pela Década do Oceano da ONU. É bolsista do Programa Pew Marine Fellows, um dos principais programas de conservação marinha do mundo.
Professor at the Instituto do Mar da Universidade Federal de São Paulo (Unifesp). Biologist, PhD from the Institute of International Relations and Post-Doctorate from the Oceanographic Institute of the Universidade de São Paulo (USP). She has been researching Coastal and Marine Management and Governance for over 15 years, focusing on the science–policy interface and gender issues in the ocean. She is part of the Brazilian Biodiversity and Ecosystem Services Platform, and contributes to reports from the United Nations (UN, GEO6, IPBES, WOA). Creator of the League of Women for the Ocean, she coordinates the Weblue project on women in the ocean, endorsed by the UN Ocean Decade. She is a fellow of the Pew Marine Fellows Program, one of the main marine conservation programs in the world.

Patricia Furtado de Mendonça

Fundadora & CEO da Acqua Mater, palestrante inspiracional/*storyteller*, facilitadora de experiências aquáticas de conexão com a água e o oceano. Profissional de impacto e consultora do GT Negócios Oceânicos do Pacto Global da ONU Brasil. Membro do Comitê Executivo do Programa "Cultura Oceânica com Todos", endossado pela Década do Oceano da ONU e coordenado pela COI/Unesco. Mentora e conselheira de várias organizações internacionais dedicadas a jovens líderes da água e do oceano. Tem dado palestras e moderado eventos em diversos congressos internacionais ligados à água, ao oceano e ao clima, sobretudo no contexto das Nações Unidas.
Founder & CEO of Acqua Mater, inspirational speaker/storyteller, facilitator of aquatic experiences connecting with water and the ocean. Impact professional and consultant for the Ocean Business GT of the UN Brazil Global Compact. Member of the Executive Committee of the "Ocean Culture with All" Program, endorsed by the UN Ocean Decade and coordinated by IOC/Unesco. Mentor and advisor to several international organizations dedicated to young water and ocean leaders. He has given lectures and moderated events at several international congresses related to Water, the Ocean and Climate, especially in the context of the United Nations.

Jornalistas
Journalists

Cristina Serra

Jornalista e escritora. Trabalhou durante 26 anos na Rede Globo e foi comentarista do canal de YouTube MyNews. Foi correspondente da emissora em Nova York. Em 2018, estreou como comentarista do canal de YouTube MyNews, no programa Segunda Chamada. Desde 2022 é comentarista de política no programa jornalístico independente ICL Notícias, no YouTube. Atualmente, integra a equipe do site Metrópoles.
Journalist and writer. She worked for 26 years at Rede Globo and was a commentator on the YouTube channel MyNews. She was the network's New York correspondent. In 2018, she debuted as a commentator on the YouTube channel MyNews, on the Segunda Chamada show. Since 2022, she has been a political commentator on the independent journalistic program ICL Notícias, on YouTube. Currently, she is part of the Metrópoles website team.

Júlia Dias Carneiro

Profissional de comunicação com vasta experiência em plataformas de texto, áudio e vídeo. Foi correspondente da BBC no Rio de Janeiro por quase dez anos. Concluiu um mestrado com distinção na Universidade de Oxford, especializando-se em Estudos Latino-Americanos com uma bolsa do Weidenfeld-Hoffmann Trust.
Carneiro is a communications professional with vast experience working across text, audio and video platforms. She was the BBC's correspondent in Rio de Janeiro for almost ten years. She obtained a masters' degree with distinction at the University of Oxford, specialising in Latin American Studies with a scholarship from the Weidenfeld-Hoffmann Trust.

Artistas
Artists

Ana Catarina

Em 2013, fez contato com fotografia de surfe e depois se dedicou exclusivamente à fotografia. Procura passar para o mundo o aprendizado que recebe através das câmeras e das pessoas que tem o privilégio de fotografar.
She first ventured into surf photography in 2013, and started to work exclusively with photography. She tries to convey to the world the learnings she acquires through the camera and the people she has the privilege of photographing.

Estela Miazzi

Veja o perfil nas páginas 38-39
See profile on pages 44-45

Gabi Carrera

Atua como *freelancer*, principalmente para o mercado de arte. A fotografia para artistas a levou a desenvolver projetos próprios já apresentados em exposições coletivas e individuais. Sua relação imagética com o mar foi intensificada por meio do livro *Faróis* fotografado com Cesar Barreto.
Carrera works freelance primarily for the art market. Photographing for artists has

driven her to develop her own projects already displayed in group and solo exhibitions. Her relationship with images of the sea intensified through the book *Faróis* photographed with Cesar Barreto.

Elena Landinez
É uma artista interdisciplinar cuja poética é inspirada no movimento das águas e dos sonhos. Participa como artista e produtora cultural em diversas residências artísticas e cenas culturais na América Latina. Atualmente é Art Fellow no MOTH e no NYU Center for Human Rights.
She is an interdisciplinary artist whose poetics are inspired by the movement of water and dreams. Participates as an artist and cultural producer in several artistic residencies and cultural scenes in Latin America. She is currently an Art Fellow at MOTH and the NYU Center for Human Rights.

Noeli Ribeiro
Dedica-se à fotografia de natureza, sobretudo subaquática. Tem uma abordagem criativa para a fotografia e experiência na captura de momentos comoventes de forma discreta.
She dedicates herself to nature photography, especially underwater. She has a creative approach to photography and experience capturing touching moments in an unobtrusive way.

Zaira Matheus
Veja o perfil na página 159.
See profile on page 161.

AGRADECIMENTOS
ACKNOWLEDGEMENTS
Alessandra Nogueira I Subsea7
Ana Paula Gomes I BW Energy
Cristiano Vargas I Subsea7
Liliane Mafort I Subsea7
Marcela Siqueira I BW Energy
Ricardo Mucci I BW Energy
Tatiana Mafra I BW Energy
Vanesca Cega I Subsea7
Yann Cottart I Subsea7

Organização
Editing
Leandra Regina Gonçalves
Patricia Furtado de Mendonça

Entrevistas
Interviews
Cristina Serra
Júlia Dias Carneiro

Textos
Texts
Aline Gouveia
Ana Paula Balboni
Ana Paula Prates
Ana Vitória Tereza de Magalhães
Beatrice Padovani
Bia Figueiredo
Cristina Serra
Diulie Tavares
Elena Landinez
Estela Miazzi
Francyne Elias-Piera
Gesiani Leite
Jana Menegassi del Favero
Júlia Dias Carneiro
Karine Portela Soares
Leandra Regina Gonçalves
Letícia Cotrim da Cunha
Lia de Itamaracá
Luciana Yokoyama Xavier
Marcia Hirota
Maria Aparecida (Cida) Ferreira
Maria Emilia (Mia) Morete
Maria Nilza Tavares
Marly Lúcia da Silva Ferreira
Maya Gabeira
Nuala Costa
Patricia Furtado de Mendonça
Patricia Palumbo
Paulina Chamorro
Pilar Carolina Villar
Raíssa Telles
Raqueline Monteiro
Rosália Alves dos Santos (Luíza)
Tatiana Cardoso
Tatiana Neves
Yara Schaeffer-Novelli
Zélia Brito

Fotografias e arte
Photographs and Art
Ana Catarina: pp. 30-31
Gabi Carrera: pp. 8-9; 10-11; 18-19; 56; 57; 80-81; 100-101; 118-119; 122-123; 132-137; 140, 141; 148-149
Zaira Matheus: pp. 154-155; 162-163
Elena Landinez: pp. 34-35; 46-47; 60-61; 96-97, 104-105
Estela Miazzi: pp. 40-43
Noeli Ribeiro: pp. 112-113
Freepik: capa | cover; pp. 1-3; 52-53; 66-67; 74-77; 84-85; 90-91;170-171
© Redeiras: pp. 126-127
© Sereias da Penha: pp. 24, 25

Tradução para o inglês
Translation into English
Ben Kohn

Projeto Gráfico I Design
Glória Afflalo_a+a design

Assistente Editorial
Editorial Assistant
Renata Arouca

Revisão de Texto I Proofreading
Rosalina Gouveia

Tratamento de Imagens
Image Handling
Inês Coimbra | Ô de Casa

Impressão e Acabamento
Printing and Binding
Ipsis Editora Gráfica

Andrea Jakobsson Estúdio Editorial Ltda.
Rua Percy Murray, 5/703
22071-040 Copacabana
Rio de Janeiro (RJ)
atendimento@jakobssonestudio.com.br
www.jakobssonestudio.com.br

Dados Internacionais
de Catalogação na Publicação (CIP)
(Câmara Brasileira do Livro, SP, Brasil)

Uma onda de mulheres pelo mar = A Wave of Women for the Sea / organização/editors Leandra Regina Gonçalves, Patricia Furtado de Mendonça ; tradução para o inglês/translation into English Ben Kohn. Rio de Janeiro : Andrea Jakobsson Estúdio Editorial, 2024. (Coleção Década do Oceano)

Várias autoras.
Várias colaboradoras.
Edição bilíngue: português/inglês.
ISBN 978-65-5086-019-6

1. Fotografias 2. Mares 3. Mulheres na literatura 4. Oceanos I. Gonçalves, Leandra Regina. II. Mendonça, Patricia Furtado de. III. Título: A Wave of Women for the Sea. IV. Série.

Índices para catálogo sistemático: 1. Fotografias 779.9
Aline Graziele Benitez - Bibliotecária -
CRB-1/3129

Este livro foi produzido no inverno de 2024
em papel eurobulk 135 g/m² e impresso nas
oficinas da Ipsis Gráfica Editora
This book was produced in the Winter of 2024 on 135 g/m²
eurobulk paper and printed
in the workshops of Ipsis Gráfica Editora

FSC www.fsc.org MISTO Papel | Apoiando o manejo florestal responsável FSC® C011095